養兒方知父母恩！
這本書獻給我最敬愛的爸爸媽媽。

感謝你們的愛 ♥

地方爸爸蔣偉文的 **101** 款

無麩質 便當

Jacko's gluten-free bento

**因為愛,為孩子精心設計製作50道主食×120道主菜配菜,
366日的美好紀錄與生活**

作者
蔣偉文

市場買菜，廚房煮菜
地方爸爸蔣偉文

推薦序

體現父親對兒子之愛的做菜日常

　　第一次追上蔣偉文在臉書上 PO 出為兒子所做的各式便當，我的內心萌起無數想法：天啊！他用的便當盒怎麼那麼普通，不就是一般的不銹鋼保鮮盒嗎？而且便當菜沒有刻意擺弄裝飾，也沒有拼捏成可愛的卡通造型，這樣的便當如何吸引臉友的注意和討論呢？

　　結果我問了蔣偉文，發現我錯了，他做便當不是作秀作假耍花招搏眼球，而做菜是他的日常，做便當是體現了父親對兒子的愛。

　　因為「《吃飯皇帝大》美食綜藝節目而認識了偉文，當時我先生曾秀保保師傅不僅經常受邀示範料理，也在私底下接到蔣偉文打來的求教電話，這種認真態度是前所未有，不是為了節目效果，而是真心喜歡。

　　之後偉文告訴我，身為人夫會替嬌妻煮好飯菜再去上通告，晉升為父親之後，也會為了兒子下廚做好吃的。而他的料理肯定好吃，平時勤逛市場，在乎食材的季節感與新鮮度，也練過基本功，切配火候調味全都信手拈來，但是意外成為了過敏兒的父親，讓偉文做出來的菜餚開始變調。

　　這本書雖然是蔣偉文日復一日親手為兒子所做的無麩質便當大全，但撇開「無麩質」這個關鍵字，你的內心萌起無數感動，而且很想點名農業部，快點邀請蔣偉文來擔任台灣農產品推廣大使：

　　一、因為講究無麩質，所以天天都吃飯，不管白米、紫米、米麵等等台灣好米都變著花樣吃，而且怎麼吃都吃不膩。

　　二、因為精打細算，所以一年四季平價的紅蘿蔔、馬鈴薯、洋蔥、蕈菇，雞蛋等食材與雞豬海鮮靈活運用，多彩又味美。

　　三、因為調味有主張，所以橄欖油、黑胡椒、薑黃粉、味醂、味噌、蠔油都是好幫手，不再獨獨仰賴鹽巴與醬油。

　　四、因為是男人，所以下廚不拖泥帶水，又因為是通告不少的明星，所以下廚的時間也不能太久，因此食材，切配，做法都是乾淨俐落，一目了然，只要你一步一步跟著下廚操作，就知道料理能帶給自己與家人最大的幸福與滿足。

　　台灣一年四季都熱得要命，能夠上市場買菜，還能下廚房煮菜，這是真愛。此書記錄了父親對兒子的愛，也希望兒子以味道記憶了父親的愛，代代傳承蔣家的滋味，也希望你閱讀了此書，也能走進廚房，做出自家世代傳承之味。

《超級美食家》節目主持人　

因為有愛，才能堅持替家人做便當

已經高中畢業很久的大女兒日前跟高中死黨聚會完回家，開心地告訴我說：「今天我的同學們還聊到妳做給我的便當耶！說會很期待我把便當打開的瞬間，有人會想來蹭個一兩口，還有人拿學餐的雞腿跟我換炒飯！」

因著麩質過敏而開始控制麩質攝取的我家，孩子們選擇自帶便當，我從大女兒上國中開始做便當直到小女兒高中畢業，彼時我正處於創業最忙碌的階段，要抽空構思菜色、上市場採買食材並於周間做出一日三餐，著實是一個不小的負擔，上學日都要五點半起床，才來得及做完早餐及打包好午餐便當，那時我總頂著一對黑嚕嚕的熊貓眼，如果不是因為愛孩子，希望她們吃得健康有元氣，有足夠體力好應付高強度的課業壓力，我才能堅持這麼多年，在 Jacko 的平淡日常的字裡行間，我也同樣感受到他對兒子深深的關愛和期許。

Jacko 的食譜菜色豐富多變、中西日式併陳、料理風格多元，有較複雜花費時間的菜色，也有一鍋搞定的懶人料理，讀者們完全可以按照自己的需求做選擇，我的同事說過：「沒有父母天生是廚神，只有為了孩子往廚神路上邁進的父母。」如果您即將（考慮）開始做便當的人生，這本書絕對非常具有參考價值的，事實上，我打算將本書收藏起來，因為大女兒畢業搬回家後，上班後因為種種因素，又開始帶便當了，但我現在更忙，比較少下廚，我想可以陪著她，選出書上想吃的菜色，練習學著做自己的便當，我還可以順便沾光。

針對麩質過敏這件事，我遇到的大部分的客戶對麩質的反應是不到致病的程度，以我患有乳糜瀉的朋友來說，他吃到便當裡的醬油滷肉要腹瀉三天，麵包麵條包子饅頭蛋糕餅乾則是想都不敢想。但我們一般人症狀是會輕微許多，就算少量攝取到也不用太緊張，只要覺察到不舒服的症狀後，多喝溫開水多休息，靜待過敏原排出，下次再多注意點就好。

原型食物比如魚肉豆蛋蔬果、油脂、米飯、藜麥、燕麥是完全不含麩質的。含有麩質的食物有各種小麥製品、混合多種澱粉的精緻加工的主食、醬料類、多穀類混釀的酒類、食用醋。只要掌握好這個大原則，準備日常三餐不需要如履薄冰、戰戰兢兢，儘管放心的享受各種新鮮的食材交織而成的美味料理。

我把書中食材要多留意的部分做成表格，解釋應注意原因跟提供替代方案，讓讀者們當作參考。

佳實米穀粉及米烘焙創辦人　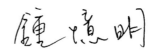

麩質過敏者需注意之食材與調味料

食材名稱	應注意的原因	麩質敏感的人怎麼吃？	麩質嚴重過敏的人怎麼吃？
各種香鬆 肉鬆、魚鬆	可能用小麥胚芽增量、用醬油來調味。	挑選純肉製造的產品，依照身體耐受度，少量攝取。	選擇不含麵粉、小麥胚芽、醬油的品牌。
醬油 醬油膏	這是豆麥混釀的製品，必含有麩質。	依照身體耐受度，少量攝取。	可換成純黑豆釀造的蔭油、蔭油膏。
蠔油	會用含麩質的醬油做基礎調味。	依照身體耐受度，少量攝取。	可替換成蔭油膏。
甜麵醬 豆瓣醬	豆類發酵前會用乾麵粉裹在豆子外層，以利麴菌附著，所以一定含麩質。	依照身體耐受度，少量攝取。	期待有一天可以有無麩質風味相似的替代品。
咖哩	日式咖哩塊會添加麵粉，才能煮出濃湯狀的咖哩醬料。	依照身體耐受度，少量攝取。但咖哩塊的麵粉含量較高。	改用印度純香料研製的咖哩粉，若需要增稠，可加用米穀粉勾芡。
肉腸 香腸、熱狗	有些品牌會加少量澱粉來增量或增稠，購買前請先確認成分表即可。	依照身體耐受度，少量攝取。	西式肉腸和台式香腸正常是不用醬油的，只要選用純肉製造的品牌即可。
紹興酒	多穀類混釀的酒，成分非常容易含有小麥。	依照身體耐受度，少量攝取。	改用米酒或乾脆省略不用。
烏醋	基底醋也是多穀類混釀的，多含有小麥成分。	依照身體耐受度，少量攝取。	可改用糯米醋或乾脆省略不用。
美乃滋	有些品牌會加少量澱粉來增量增稠，購買前請先確認成分表即可。	依照身體耐受度，少量攝取。	選用成分單純，不含小麥澱粉的品牌即可。
味噌	豆麥味噌原料含有小麥，故有麩質。	依照身體耐受度，少量攝取。	選用純豆釀造或是豆米混釀的品牌。
各種海苔	海苔是無麩質的，但外加的調味料可能會用到含麩質的醬油。	依照身體耐受度，少量攝取。	選用不含醬油的口味，未經調味的壽司海苔或只用芝麻鹽調味的韓國海苔都好。
米粉、粄條 米苔目 等米製品	小麥澱粉是常見的添加物，成本便宜、可增量、口感更Q彈。	依照身體耐受度，少量攝取。	選擇詳列成分並有完整外包裝的品牌較安全。若是市場攤販販售的散裝產品，則要確認不含麵粉才行。

製表：鍾憶明

作者序　**366日的美好紀錄與生活**

　　一轉眼，大兒子已是小六生了，我也替他做了一整年的便當了。

　　很多網友在臉書上問我，現在桃園的小學都有提供免費營養午餐啊！為何還要每天為孩子準備午餐送去學校呢？其實我也希望 Jackson 和其他小學生一樣，開開心心的和同學一起享用學校的營養午餐。但是大兒子 Jackson 從小就是過敏兒，吃這個也癢，吃那個也抓，有時還會因為嚴重的異位性皮膚炎導致皮膚紅腫、起疹子，晚上癢到睡不著，哭著說好難受！

　　經過抽血檢驗過敏源，我們才確定大兒子是麩質過敏的問題，所以只要是含有小麥的產品都必須避免食用。偏偏小朋友最愛的餅乾、吐司、麵包、漢堡、水餃、披薩、義大利麵和蛋糕，全部都有麵粉，他全部都不能吃。更麻煩的是，大部份的醬油也含有小麥麩質，也就是說，只要料理的食材有用醬油醃過、滷過、烹煮過，都會讓麩質過敏的 Jackson 皮膚出狀況！嚴重時皮膚會發癢，經常抓破皮流血，晚上睡不好，白天在學校精神不佳，上課時更是無法專心地一直抓抓抓，學習品質大受影響。後來帶他去看了皮膚科，醫生雖然有開舒緩皮膚炎的藥膏，但也提醒我，其實重點還是要注意孩子的飲食，避免讓他吃到引發過敏的麩質食材。

　　既然孩子可以靠吃來找回健康，我當然立刻開始每天地方爸爸無麩質便當的工作！

　　每天的便當菜色，我通常是前一晚先構思好，寫下需要採買的食材，當天一早送小孩上學後，我就馬不停蹄地上菜市場備料了。剛開始還不習慣製作給兒子的一人份便當，抓不準份量，總是做了太多；經過不斷嘗試、修正，後來總算能準確的料理出剛好的飯菜量。

　　一段時間以後，因為麩質過敏而無法吃任何麵包，麵食，每天都只能吃米飯的 Jackson 食欲開始下降。於是我找了許多無麩質食材來取代小麥麵條，包括無麩質義大利麵、白米麵條、糙米麵條、米鬆餅粉、米苔目及無麩質醬油等等，讓他的午餐便當可以多些變化。有時剛好中午有錄影工作，無法現做熱騰騰的便當，就改為提前做好便當讓蔣夫人送去，因此我也開發了一些放涼也很好吃的冷便當料理。

　　每天中午為孩子送便當的「面交」過程，讓我和兒子在每個上學日多了特別的父子時光。雖然只有短短的幾分鐘，但是他總喜歡在拿到便當前，先猜猜今天的菜色是什麼？跟我聊聊上午的課堂中發生了什麼趣事？同學又說了什麼誇張好笑的故事。甚至會帶著他的好麻吉一起來拿便當，讓老爸見識一下他在班上的好人緣。原本以為只是付出時間做便當送便當的一項差事，卻讓我獲得了一整年珍貴的回憶。

　　最後我想藉由這本《地方爸爸蔣偉文的 101 款無麩質便當》和大家分享，不論有沒有麩質過敏，小朋友每天的便當，我都希望是簡單調味就很健康美味的家常料理。均衡充足的營養，搭配顏色豐富的食材、多變化的主食配菜，這本地方爸爸的無麩質便當，不僅是跟大家分享營養美味的便當菜色，也是記錄著我當爸爸以來最有成就感的一本料理手札，希望你會喜歡。

目錄 Contents I

Gluten Free

Part 1 雞肉類 便當
Chicken Bento

Gluten Free

Part 2 豬肉類 ┊ 便當
Pork Bento

Gluten Free

Part 3 牛肉類 便當
Beef Bento

Part **4** 海鮮類 ｜ 便當
Seafood Bento

Gluten Free

Part 5 其他類 便當
Other Bento

目錄
Contents
II

Part __ 1

如果很忙又沒時間，
一次搞定一個便當就是專為您設計的懶人食譜！

懶人食譜

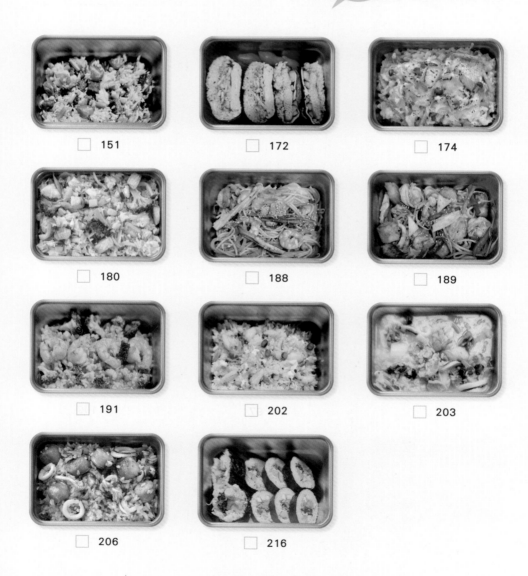

☐ 151

☐ 172

☐ 174

☐ 180

☐ 188

☐ 189

☐ 191

☐ 202

☐ 203

☐ 206

☐ 216

Part 2

非要有主食還要有其他菜色才叫吃飯的話，

以下兩道料理的便當最適合您！

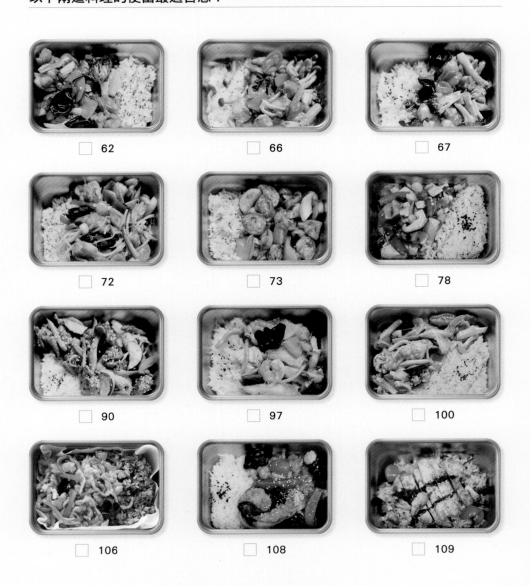

兩道料理

☐ 110 　　　　☐ 114 　　　　☐ 138

☐ 140 　　　　☐ 141 　　　　☐ 146

☐ 152 　　　　☐ 160 　　　　☐ 162

☐ 164 　　　　☐ 168 　　　　☐ 170

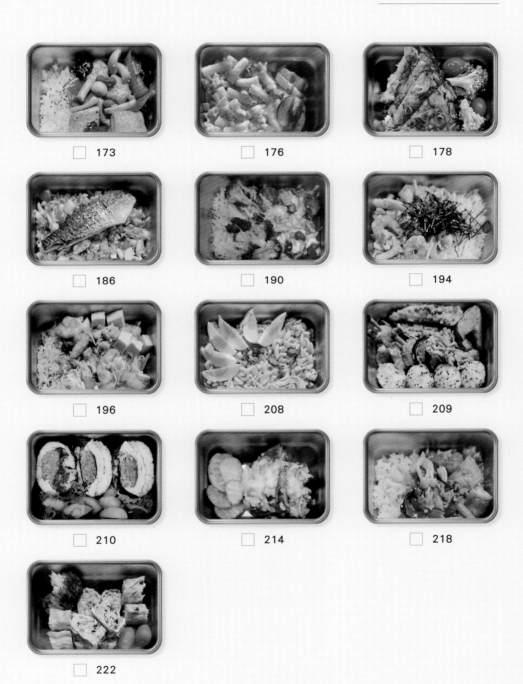

Part ___3

想大展廚藝又要有儀式感的用餐，
含主食、主菜與配菜的便當是您最好的選擇！

☐ 42　　　　☐ 45　　　　☐ 48

☐ 50　　　　☐ 52　　　　☐ 54

☐ 56　　　　☐ 58　　　　☐ 60

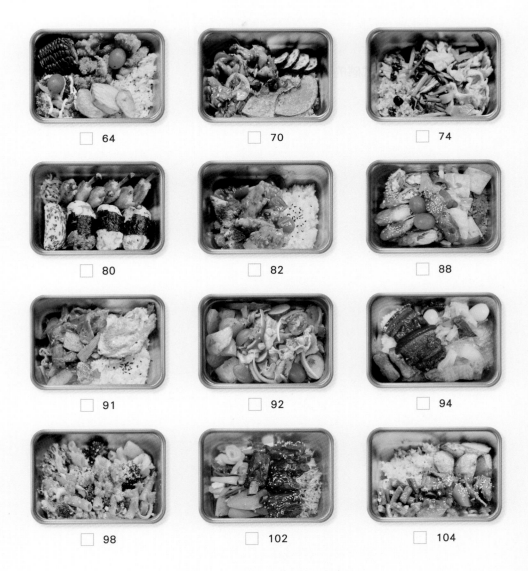

C ontents 目錄

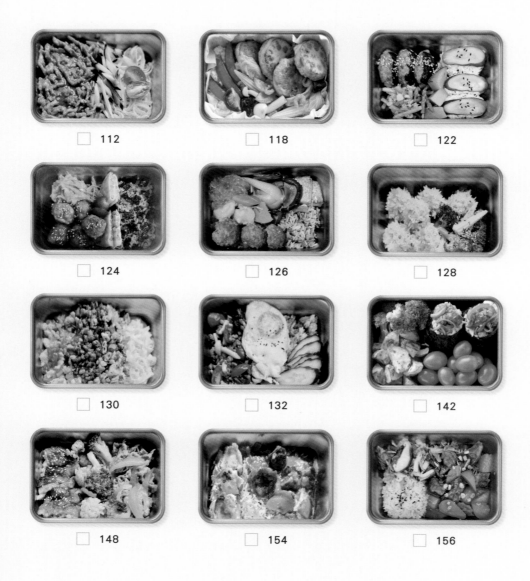

112

118

122

124

126

128

130

132

142

148

154

156

儀式感
便當

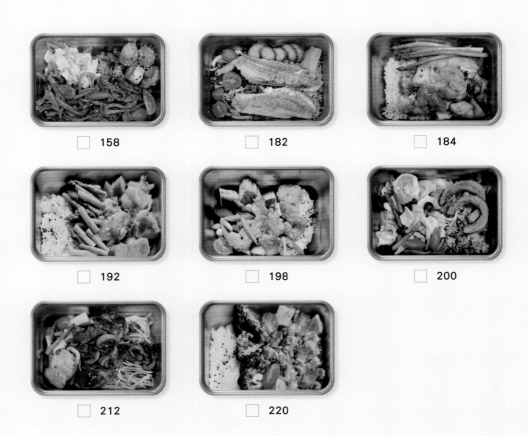

如何
使用本書

How to use this book?

I

4 這款便當用到的主食與
主菜分類。

1 每款便當的美味名稱，讓
人看了就想躍躍一試。

2 關於這款便當的小故事或
由來，有的是心情筆記，
有些是說明如何準備此款
便當。

3 每款便當賞心悅目的完成
圖，並標示出主食、主菜
與配菜，其食材與份量可
參考右頁材料表。

豬五花肉

白飯

地方爸爸蔣偉文的 101 款無麩質便當

花生醬涼拌梅花 丼飯

Cold Pork Salad

天氣又悶又濕，怕孩子胃口不佳，自己也不想在廚房裡弄得又熱又悶。
今天幫孩子準備一份清爽的花生醬涼拌梅花丼，好吃開胃又下飯。

配菜
Side Dishe
氣炸馬鈴薯

主菜
Main Course
花生醬涼拌
梅花肉

主食
Staple Food
白飯

9 2

5 材料一覽表，正確的份量是製作料理成功的基礎，可搭配便當完成圖使用會更清楚詳細。如果食材中可能含有麩質，則會用顏色標示。

6 材料表做出來的份量，大部分是 1 人份便當，偶爾會有 2 人以上的份量。

Part **2**
雞肉類便當

1 Serving 人份

Material

☐ **主食**　白飯 1 碗

☐ **主菜**　A 紫洋蔥 50g、香菜 10g、小番茄 5 顆、小黃瓜 50g、醬油少許、豬五花肉 100g、玉米粒 30g、水煮蛋 1/2 個
　　　　　B 無糖花生醬 1.5 大匙、醬油 1 大匙、味醂 1 大匙、醋 2 小匙、糖 1 小匙

☐ **配菜**　馬鈴薯塊適量、鹽少許、橄欖油適量

Practice

紫洋蔥切絲，泡冰水去腥約 5 分鐘，取出瀝乾備用；香菜切段；小番茄剖半；小黃瓜用波浪刀切 0.5 公分片狀備用。

將主菜 B 的所有材料混合均勻即為【醬汁】。

馬鈴薯塊加水蓋過，再加入少許鹽，微波 6 分鐘後，取出瀝乾，淋上橄欖油，再放入氣炸鍋以 185℃ 炸 12 分鐘即為【氣炸馬鈴薯】。

滾水加入 1 大匙醬油（份量外），將豬肉片泡熟後，瀝乾放涼。

將所有食材放入便當盒中，加入【醬汁】拌勻即可。

Jacko 小叮嚀　如果家裡沒有氣炸鍋，馬鈴薯也可以用平底鍋或炒鍋代替，以半煎炸的方式炸熟。

9 3

7 步驟分解圖，可讓您對照在操作過程中是否正確。

8 詳細的步驟文字解說，讓您在操作過程中更容易掌握重點。

9 操作過程中的關鍵秘訣，有作者貼心的小叮嚀。

4 這款便當用到的主食與
主菜分類。

1 每款便當的美味名稱，讓
人看了就想躍躍一試。

2 關於這款便當的小故事或
由來，有的是心情筆記，
有些是說明如何準備此款
便當。

3 每款便當賞心悅目的完成
圖，並標示出主食、主菜
與配菜，其食材與份量可
參考右頁材料表。

5 材料一覽表，正確的份量是製作料理成功的基礎，可搭配便當完成圖使用會更清楚詳細。如果食材中可能含有麩質，則會用顏色標示。

6 材料表做出來的份量，大部分是 1 人份便當，偶爾會有 2 人以上的份量。

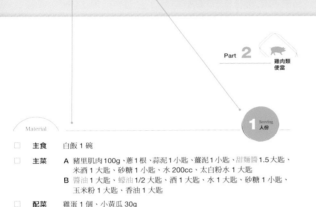

Part **2** 雞肉類便當

Serving 1 人份

Material

☐ 主食　白飯 1 碗

☐ 主菜　A 豬里肌肉100g、蔥 1 根、蒜泥 1 小匙、薑泥 1 小匙、甜麵醬 1.5 大匙、米酒 1 大匙、砂糖 1 小匙、水 200cc、太白粉水 1 大匙
　　　　B 醬油 1 大匙、蠔油 1/2 大匙、酒 1 大匙、水 1 大匙、砂糖 1 小匙、玉米粉 1 大匙、香油 1 大匙

☐ 配菜　雞蛋 1 個、小黃瓜 30g

Practice

● 切割食材與備料
　1 豬里肌肉用刀背拍過後切成肉絲，加入食用 B 的所有材料抓醃備用。
　2 蔥白切碎；小黃瓜切成絲。

● 製作配菜
　3 熱鍋，將打散的蛋液煎成蛋皮，取出放涼後，捲起切成蛋絲備用。

● 製作主菜
　4 同鍋，加入食用油，將肉絲拌炒至變色後取出備用。
　5 同鍋，將蔥白、蒜泥、薑泥炒香，加入甜麵醬、酒、砂糖、水煮滾，再加入太白粉水勾芡。
　6 接著倒入肉絲拌炒均勻即可。

● 組裝便當
　7 盛便當時，在白飯上依序鋪上蛋絲、小黃瓜絲、京醬肉絲即完成。

Jacko
小叮嚀

● 甜麵醬含有麵粉，請酌量使用。
● 醬油是豆麥混和釀造，含少量麩質。若對麩質過敏嚴重，可選購不含麩質的醬油。
● 蠔油含醬油成分，會有少量麩質。

113

貼心小叮嚀

1. 本書材料單位換算表：1 米杯（或 1 杯）＝ 200cc；1 大匙 ＝ 15cc；1 小匙 ＝ 5cc；1/2 小匙 ＝ 2.5cc；1/4 小匙 ＝ 1.25cc。1 公克＝ 1g。

2. 各種食材與調味料中，不同品牌的味道皆有所差異，建議您參考書上的比例，再調整成自己喜歡的口味。如遇「少許」、「適量」則可依個人喜好或需求決定加入多少份量。

3. 1 杯米煮出來的份量約為 2 碗飯，如果份量為 1 人份，剩下的飯量可另用。

4. 請注意：由於一般奶油會影響調味，故本書出現使用的奶油皆為「無鹽奶油」。

5. 由於本書便當食用者（蔣偉文兒子）並非急性嚴重麩質過敏，所以有些食材與調味料可能含有少量麩質，若讀者為嚴重麩質過敏者請自行斟酌是否使用。

7 步驟分解提綱，對照上面的材料表使用會更淺顯易懂。

8 詳細的步驟文字解說，讓您在操作過程中更容易掌握重點。

9 操作過程中的關鍵秘訣，有作者貼心的小叮嚀。

便 當 主 食 如 何 挑 選

麩質過敏的人，對於各種以小麥（或麵粉）為原料的食物如麵包、麵條等都不適合食用，所以主食類限制比較多。但由於麩質過敏人口愈來愈多，市面已經有無麩質食品販賣專區，如義大利麵或糙米麵條等，或多利用不同米種混合烹食，或在烹調手法多做變化，即使是麩質過敏也可以吃得健康美味又豐盛喔！

白米

白米的營養價值雖低於糙米、胚芽米等，但口感皆勝於其他米種，可以和一些富含營養的糙米或藜麥混合烹煮，或是利用在南洋料理中很常出現的薑黃粉一起煮成薑黃飯，更能引發食欲，本書加入奶油一起烹煮，視覺味覺都是享受。

紫米

紫米含多種維生素、礦物質、鐵質等營養素，但屬於高升糖指數（GI）的食物，加上糙米口感較硬，吃多容易脹氣，只要適量食用即可，也可以和白米一起混合煮食。

藜麥

藜麥價值高，主要有紅藜麥、黑藜麥與白藜麥三種，而台灣紅藜更是特有種，富含膳食纖維與礦物質，加上不含麩質，吃了不用擔心引發過敏。

長糯米

長糯米黏性高，有類似在來米的清香味，口感也比一般白米更硬。

粄條

將米磨成漿再切成條狀製成，為客家料理中的常見食材。

白米麵條

以米做成的麵條，與一般用麵粉製的麵條口感、味道皆不同。

冬粉

由綠豆所製成的產品，膳食纖維高，熱量低，質地爽口滑溜。

義大利麵

質地較硬，耐煮不易糊，口感較一般麵條有咬勁，與無麩質義大利麵味道相去不遠。

通心粉

通心粉外型彎曲，中間為空心管狀，容易沾附醬汁，耐煮不易糊。

捲捲麵

捲捲麵形狀類似螺絲釘，容易吸附醬汁，咬勁十足。

本 書 常 用 食 材

對於麩質過敏者，肉類、海鮮與蔬果等原型食材在選擇與食用上並無任何禁忌，幾乎什麼都可以吃，也可以彌補許多主食與調味料無法使用的困擾（但要注意有的加工品調味會含麩質，購買時請特別注意包裝上的成分）。特別是麩質過敏的小朋友，更可利用多變化的烹調手法與顏色繽紛的蔬果來增進他們的食欲。

肉類
Meet

雞腿

雞的腿部部分，雞腿的肉較雞胸肉少而筋膜多，肉中含有較多的鐵質。

雞翅

雞的羽翅部位，肉少而皮多，皮富含膠質，脂肪含量比雞肉多。

雞胸肉

雞的胸部肌肉，表皮脂肪豐富，運動量較大，肌肉結實而較少結締組織，是雞肉中蛋白質含量較多的部位。

豬梅花肉

為豬的上端肩胛部位，油脂均勻分布於肉上，肥瘦兼具，紋理似梅花點點而得其名。

豬五花肉

靠近肚子部位的腹脅肉，具有豐富油脂，由表皮到瘦肉間夾帶白色油脂，因此有「三層肉」的名稱。

豬排骨

排骨又稱豬肋骨，是指豬的肋骨部位，肥瘦均等，口感佳。

豬里肌肉

肉中無筋無骨頭，是豬肉中最嫩的一部分，有「豬肉中的菲力」之稱。

豬肉絲

一般來源於豬前腿肉，製成肉絲狀以利烹調。

豬絞肉

豬肉去除外皮與骨頭後,使用絞肉機器或以刀切割而得到的碎肉產品。

牛雪花肉

從頸部到肋骨的牛肉部位均有,因脂肪分布均勻像是雪花點點,故有此稱呼。

牛五花肉

通常使用牛的胸腹肉,此區油脂含量較多,肉質軟嫩,適合煮火鍋及燒烤。

牛排

牛排主要使用來自肩部、脖部、肋部和腰部的肉類,每個部位都有其獨特的口感和風味。

牛肋條

牛肋猶如人類胸腔,左右肋脊部位兩側各有 13 根肋骨,而肋骨與肋骨間的筋肉將之取出,即為「牛肋條」。

牛肉片

通常包含雪花、五花等各部位的肉片,適合火鍋、燒烤等。

牛絞肉

牛肉去除外皮與骨頭後,使用絞肉機器或以刀切割而得到的碎肉產品。

牛肉絲

一般使用牛後腿肉製成,肉色粉紅、油花分布均勻且較少。

海鮮類
Seafood

鮭魚

鮭魚富含油脂，肉質紮實鮮美，營養價值高又熱量低，相當受到歡迎，適合多種烹調方式。

鯖魚

鯖魚肉質鮮美、油脂豐厚，蒸、煎、煮、炸、烤等烹調方式都適合。

金線魚

金線魚為具相當經濟價值的可食用魚類，適合包括清蒸、香煎、紅燒、煮湯等烹調方式。

巴沙魚

巴沙魚是一種鯰魚品種，外觀像鯊魚，魚型流線修長，價位較低，多以淡水養殖方式大量生產。

小白蝦

原產地在中南美洲太平洋岸，適合蒸、煮、炸、炒等烹調方式。

蝦仁

蝦仁主要來自各種海洋或淡水蝦，常見的品種包括白蝦、草蝦等。

蝦子

蝦肉熱量較少，且鈣和蛋白質含量高，普遍運用於料理當中。

蟹肉

蟹肉是指螃蟹內的肉，有時特指蟹腿內的肉。

其他蛋白質
Other Proteins

香腸

將絞碎的肉類與香料、調味料混合，填入腸衣中，經過加工和熟成而成。

肉腸

與香腸製作方式類似，口感較 Q 彈，介於香腸與熱狗之間。選購時請確認成分是否含小麥澱粉。

漢堡肉

漢堡肉主要由絞碎的肉類製成，常見的選擇包括牛肉、豬肉、雞肉等，每種肉類都有其獨特的特點和風味。

熱狗

通常由絞成細碎的肉類製成，並搭配各種香料和調味料，放入腸衣中進行加工和熟成。選購時請確認成分是否含有小麥澱粉。

蛋

雞的受精卵，主要有蛋殼、蛋白與蛋黃 3 個部分，蛋白富含蛋白質與多種豐富營養素，不含膽固醇；蛋黃則富含脂肪酸、卵磷脂與多種營養成分。

豆腐

豆腐主要以黃豆為主要原料，口感鬆軟滑嫩，可運用於多種料理方式。

蔬果
Fruits & vegetables

香菇

香菇可以分為鮮香菇與乾香菇，營養豐富，油脂少熱量低，加入料理中可以提味。

金針菇

因沒有特殊味道，適合與很多食材一起烹調或煮火鍋。

蘑菇

又稱「洋菇」，表面光滑，外型圓潤但內部鬆軟，是烹調時最常使用的菇蕈類。

杏鮑菇

有肥厚的菌柄，略帶杏仁香氣，口感可媲美鮑魚。

鴻喜菇

較早由日本所引進台灣生產的新品種，外觀相當討喜，因此常用於搭配食物的色澤。

精靈菇

精靈菇多採以溫控方式栽培，烹調後口感滑嫩鮮脆，沒有一般菇類的腥味。

雪白菇

雪白菇必須在良好的濕度與溫度環境下生長，外觀雪白細緻，口感滑順且鮮脆。

黑木耳

台灣的黑木耳大多是太空包栽培較多，一年四季皆適合種植。

青江菜

因其葉柄長得像盛飯的飯匙，又稱「湯匙菜」，在台灣蔬菜中是價廉物美的選擇。

菠菜

菠菜本身味甜，嫩葉可以生食、青炒、煮湯。

娃娃菜

娃娃菜屬於包心菜的一種，一般市售已有包裝，採購後直接置入冰箱冷藏保存即可。

白菜

白菜富含豐富維生素與礦物質等營養素，有降低膽固醇、預防心血管與感冒疾病的功效。

小白菜

小白菜生長速度快，含有大量的維生素 A、維生素 C，膳食纖維含量也很多。

高麗菜

高麗菜是非常容易保存的蔬菜，口感以脆甜為特色，烹調上多變化。

九層塔

九層塔有著獨特的香氣，但容易在烹調時喪失，所以一般會在起鍋前才加入。

芥藍菜

幼苗及葉片皆可食用，富含各種營養素，如維生素 C、葉黃素等。

香菜

香菜經高溫加熱後體積會縮小，所以通常選擇不烹調，最後才撒在料理上。

芹菜

芹菜因具有強烈特殊味道，被稱為香料蔬菜，生吃、熱食皆宜。

西洋芹

西洋芹水分、纖維質含量非常豐富，並且能夠讓體內脂肪加速分解，利於排便順暢。

水蓮

水蓮是台灣的特有種，細長的莖做為可食用部分，為台式熱炒常見的經典食材。

雪菜

是一種醃漬菜，一般會用芥菜、油菜進行醃漬。

花椰菜

市面上有多種顏色，常見有白色、深綠色，黃色、紫色次之，但營養價值非常類似，特別是綠花椰菜用來配色，便當看起來就非常漂亮，稍微燙熟煮好就很好吃。

甜豆莢

利用豌豆培育出來的新品種，食用時有甜味，營養價值高。

長豆

長豆耐煮性高，適合燉、煮，或加工乾燥為乾貨材料。

絲瓜

絲瓜的瓜肉清甜，是夏季極佳的消暑蔬菜，含豐富營養素。

地瓜

地瓜富含各種營養素，表皮光滑、乾燥，若遇表皮呈褐色或黑色斑點，要避免食用。

馬鈴薯

富含澱粉成分，烹調方式多變，當主食、配菜，或是做成零食都很適合。

白蘿蔔

品質好的白蘿蔔肉質飽滿，水分充足，口感鮮脆，並且具有甜味。

紅蘿蔔

紅蘿蔔為二年生的根作蔬菜，生吃或煮熟後食用皆適宜。

洋蔥

洋蔥依照外皮與內部顏色可分為白洋蔥、紫洋蔥、黃洋蔥，適合生吃或烹調後熟食，生吃具甜味與辛辣感，煮熟後辛辣味消除且帶香氣與甜味。

蘆筍

分成綠蘆筍與白蘆筍兩種，熱炒大部分使用綠蘆筍，沙拉或涼拌菜則使用白蘆筍。

秋葵

果實呈長條狀，可食用部分為果莢，脆嫩多汁，香味獨特。

竹筍

竹筍是竹子尚未木質化的幼芽，適合用來做各種方式的烹調。

蓮藕

蓮藕是荷花的地下莖，較嫩的頭部通常做為涼拌，後段偏老的部位則適合煮湯。

牛番茄

番茄果肉柔軟，香氣濃郁，直接食用或烹調都很適合。

小番茄

果實小且較為堅硬、耐放，表面光滑，甜度高，好吃又營養，是大部分小朋友喜歡吃的蔬果之一，做為便當的配菜，可以增添加豐富色彩，引發食欲。

小黃瓜

小黃瓜口感清脆，熱量低，廣受大眾與餐飲業者喜愛。

櫛瓜

外觀和小黃瓜很像，口感也相近，常見的顏色為綠色或黃色。

南瓜

南瓜的果肉和種子皆可食用，品種多，色彩豐富。

青椒

青椒含豐富營養素，尤其維生素 C 含量高於其他蔬菜，有促進人體消化與代謝脂肪的功效。

甜椒

屬性相近於青椒，肉質較厚，水分也較多，口感清爽具甜味。

玉米筍

就是玉米的小時候，但與玉米不同是歸為蔬菜類，熱量低，膳食纖維豐富，吃起來清脆爽口。

玉米

玉米是人類與動物的主要糧食作物之一，屬全穀根莖類，產量居糧食之冠，因品種的不同，外觀與口感上差異頗大，如紫玉米。

檸檬

台灣常見的是綠色檸檬，國外大部分喜歡用黃色檸檬。常做為飲料之用，用於料理味道清香，可增添食物風味。

葡萄

含豐富的維生素 C、花青素與膳食纖維等多種營養，顏色漂亮又好吃，很適合做成小朋友的便當菜或水果。

本 書 使 用 器 具

市面上的烹調器具種類五花八門，但真正常用的大概只有炒鍋（中華鍋）、湯鍋與平底鍋，加上煮飯的電鍋或電子鍋（西式料理有的會用烤箱），就已經可以烹調出千變萬化、好吃又美味的各式料理了。

平底鍋

有陶瓷、不銹鋼、鋁、鐵、銅等多種材質。鍋底平整、受熱均勻，加上表面有不沾塗層，清洗容易，能夠避免食物黏在鍋底的情況，所以是很多人烹調器具的首選。適合煎、炒、煮、燉、烤等多種烹調方法，也可以烹調各類食材。

炒鍋

是最適合亞洲料理的鍋具，其設計通常邊緣較高且呈弧形，可以迅速加熱並承受高溫，爆炒和煸炒時，可防止食材飛濺出鍋外，還可以讓油集中在鍋底，用油量會比平底鍋更少。當然也適合煎、煮、炸、蒸、燉等多種烹調方式。

湯鍋

通常配有鍋蓋，有各種不同款式，可選擇單柄或雙耳，材質以不銹鋼最好。湯鍋通常可以在中低溫下長時間的加熱而不燒焦，非常適合用來燉煮需要長時間處理的食物，如蒸煮、燜煮食物與燉菜等，也可減少食物中的油脂攝取，適合追求健康飲食的人使用。

氣炸鍋

是近年來非常熱門的廚房器具。其設計是讓熱空氣在鍋內迅速循環，能夠以極少的油甚至完全不使用油來烹調食物，短時間內就能製作出酥脆的炸物或烤物，節省時間。此外還可以用來烘焙、烤肉、煮食等，功能也非常多樣化。

湯勺與鍋鏟

都是烹煮食物不可或缺的鍋具配備。材質有不銹鋼、木製、竹製、塑膠與矽膠等。特別是矽膠輕便且不會刮傷鍋具表面，特別適合帶有不沾塗層的鍋具。但選購前，還是要確認能夠耐受高溫，避免在高溫下變形或釋放有害物質。

便當盒

儘管時代變遷，便當盒的材質與顏色愈來愈多樣化，但不銹鋼的便當盒還是許多人的最愛，而且也是學生時代的難忘回憶。有些大份量的便當盒，採上下層設計，可分隔菜、飯，堅固耐用，又耐高溫，也很容易清潔。放進蒸鍋或電鍋內加熱都很方便。

Chicken
Bento

Part
1

雞 肉 類
便 當

據統計台灣人一天要吃上 270 萬隻雞，可見大家多愛吃雞肉。

除了營養價值高以外，其豐富的蛋白質更能促進肌肉生長、修復組織和增強免疫力，

做為發育中孩子的便當菜而言，不管是三杯雞、炸雞塊，

或照燒雞腿、香煎雞排、滑炒雞片等，雞肉的各種料理絕對是優先的選擇。

Jacko's gluten-free bento

香煎雞腿 蔬菜咖哩

Pan-fried Chicken & Vegetable Curry

中午幫孩子送便當，兒子神秘兮兮的問我今天什麼菜色？

我說是香煎雞腿咖哩飯的時候，他露出不可思議的表情說：

今天同學預言爸爸會帶咖哩飯，太神了！

哈哈～可以請同學告訴我下一期樂透號碼是幾號嗎？

雞腿

香鬆玉米飯

1 Serving 人份

Material

☐ **主食**　白飯 1 碗、香鬆 1 大匙、2 大匙玉米粒

☐ **主菜**　去骨雞腿排 1 塊、鹽 1/2 小匙、黑胡椒粒少許

☐ **配菜**　A 紅蘿蔔 50g、小馬鈴薯 1 個、洋蔥 50g、小番茄 150g
　　　　　　水 50cc、牛奶 50cc、蒜碎 1 小匙、咖哩粉 1 大匙
　　　　　　奶油 1 小塊、番茄膏 1 小匙、醬油 1 大匙、砂糖 2 小匙
　　　　　B 雞蛋 1 個、綠花椰菜 3 朵

Practice

● 製作主食

1 將白飯加入香鬆、玉米粒拌勻即為【香鬆玉米飯】。

● 切割食材與備料

2 去骨雞腿排撒上鹽、黑胡椒粒醃 5 分鐘；紅蘿蔔切塊；小馬鈴薯切片；洋蔥切丁；雞蛋備好；綠花菜燙熟煮好備用。

主食
Staple Food
香鬆玉米飯

主菜
Main Course
煎雞腿排

配菜
Side Dishes
水煮綠花椰菜 / 蔬菜咖哩 / 煎嫩蛋

3

小番茄加入水，用果汁機打成番茄泥備用。

4

紅蘿蔔、馬鈴薯加水蓋過表面，微波8分鐘後取出瀝乾；馬鈴薯用叉子壓成泥，加入牛奶拌勻。

● 製作配菜 B

5

熱鍋，加入少許油，雞蛋打散後放入鍋內煎成蛋皮，取出備用。

● 製作主菜

6

同鍋，加入去骨雞腿排，將皮面煎至金黃略帶焦色。

● 製作配菜 A

7

翻面，繼續煎至雞腿熟成後，取出放涼。

8

同鍋加入奶油，加入洋蔥、蒜碎炒香。

9

接著加入咖哩粉、番茄膏炒香。

10

再加入步驟3的番茄泥與醬油、砂糖、紅蘿蔔一起煮滾。

● 組裝便當

11

最後加入步驟4的馬鈴薯牛奶拌勻即完成【蔬菜咖哩】。

12

依序將香鬆玉米飯、蛋皮盛入便當盒，淋上蔬菜咖哩，最後放上切塊的雞腿排、綠花椰菜即可。

Jacko
小叮嚀

● 料理步驟也可以把製作主食放在後面：

| 切割食材與備料 〉 |
| 製作配菜 B 〉 |
| 製作主菜 〉 |
| 製作主食 〉 |
| 組裝便當 |

● 香鬆有時含醬油粉，會有少量麩質。

親子丼 便當

Oyakodon Bento

親子丼，又可稱為「滑蛋雞肉飯」，
不僅是最親民的日式丼飯，也是我學做的第一道日式家常料理。
今天就讓孩子品嘗當年陪伴我走過料理新手之路的親子丼吧！

雞腿

白飯

Material

1 Serving 人份

☐ **主食**　白飯 1 碗

☐ **主菜**　A 去骨雞腿排 1 塊、洋蔥 50g、紅蘿蔔 50g、青蔥 2 支、
　　　　　　玉米筍 2 根、雞蛋 1 個、海苔絲適量
　　　　　B 水 200cc、醬油 1.5 大匙、清酒 1 大匙、味醂 1 大匙、
　　　　　　糖 1 小匙

☐ **配菜**　薑絲適量、小白菜 100g、清酒 1 大匙、鹽 1/2 小匙、
　　　　　水 1 大匙

Practice

● **切割食材**　　● **製作配菜**

雞腿排切成適口的
大小；洋蔥、紅蘿
蔔、蔥分別切絲；
小白菜切段。

熱鍋，加入食用油，放入薑絲炒香，再加入小白菜、清酒、鹽
炒約30秒，加水上蓋稍微燜煮即可。

主菜
Main Course
親子丼

配菜
Side Dishe
清炒小白菜

主食
Staple Food
白飯

☐ **主食**　白米 1 杯、薑黃粉 1 大匙、奶油 20g、熱水 1 杯

☐ **主菜**　A 去骨雞腿排 1 塊、鹽 1/2 小匙、黑胡椒粉 1/2 小匙、紅蘿蔔 10g、
　　　　　青蔥 1 支、起司條（或起司絲）適量、熱水 300cc
　　　　B 醬油 1.5 大匙、味醂 1 大匙、清酒 1 大匙、砂糖 2 小匙、
　　　　　薑泥 1 小匙、水 200cc

☐ **配菜**　高麗菜 30g、鮮香菇 1 朵、美白菇 20g、秋葵 1 根、蒜碎 1 小匙、
　　　　　紅蘿蔔絲 5g、綠豆芽 20g、水 50cc、鹽適量

Practice

● **製作主食**　1 白米洗淨瀝乾後放入電子鍋，加入薑黃粉、奶油、熱水拌勻，按下
　　　　　　開關煮好即為【奶油薑黃飯】。

● **製作配菜**
　　　　2 高麗菜、鮮香菇切片；美白菇剝散；秋葵切斜段。
　　　　3 熱鍋加入油，加入蒜碎、紅蘿蔔絲炒香，接著加入所有蔬菜類炒勻。
　　　　4 加水，蓋上蓋後燜煮約 1 分鐘，開蓋，撒上鹽即完成【清炒時蔬】。

● **製作主菜**
　　　　5 雞腿排撒上入鹽、黑胡椒粉備用；紅蘿蔔切絲；蔥切段。
　　　　6 準備好鋁箔紙，放上雞腿排，再放上紅蘿蔔、蔥、起司條，然後將
　　　　　鋁箔紙捲起來，兩端束緊成雞肉捲。
　　　　7 熱鍋加入油，放入雞肉捲，以中火煎約 3 分鐘，中間不時翻動讓雞
　　　　　皮上色。
　　　　8 開蓋，加入熱水，以中火煮滾，上蓋續煮 8～10 分鐘至雞肉捲全熟。
　　　　9 取出雞肉捲，除去鋁箔包裝備用。
　　　10 同鍋，加入醬油、味醂、清酒、砂糖、薑泥、水煮滾，即為【照
　　　　　燒醬汁】。
　　　11 放入雞肉卷，燒煮至上色，即可取出，輪切成厚片即完成【照燒
　　　　　雞腿肉捲】。

● **組裝便當**　12 將薑黃飯、清炒時蔬、雞肉捲盛入便當盒，再淋上鍋中剩餘的醬
　　　　　　汁即可。

**Jacko
小叮嚀**　如果想要切割食材的工作一次做完，也可以做完步驟 2 →步驟 5，然後接著步驟 3
之後依序料理。

照燒雞 | 三色冷便當

Three-color Cold Bento

記得到日本旅遊時，總是喜歡在車站吃各式各樣美味的冷便當。
今天要去台北工作，午餐就提早準備放涼了也很好吃的照燒雞三色冷便當，
讓蔣夫人給孩子帶去吧！剛做好，熱騰騰的記得開蓋，讓便當自然降溫。
麩質過敏的朋友，記得要使用無麩質的醬油喔！

雞腿

白飯

主食
Staple Food
白飯

主菜
Main Course
照燒雞腿

配菜
Side Dishe
蛋絲甜豆莢

Material

☐ **主食** 白飯 1 碗

☐ **主菜** A 去骨雞腿排 1 塊、白芝麻 1 小匙
B 醬油 2 大匙、味醂 1 大匙、清酒 2 大匙、水 50cc、砂糖 1 小匙、
薑泥 1 小匙

☐ **配菜** 鹽 1 小匙、砂糖 1 小匙、甜豆莢 30g、雞蛋 1 個、玉米粉水 1 大匙、
橄欖油 1 小匙

Practice

● **切割食材
與備料**

1 將主菜 B 的所有材料混合均勻即為【照燒醬汁】。
2 把雞腿排厚的部分切開，用刀尖剁上幾刀斷筋，加入步驟 1 的照
燒醬汁醃製 15 分鐘。

● **製作配菜**

3 滾水中加入鹽、砂糖，加入甜豆莢，煮約 2 分鐘後取出，泡冰水
降溫，再切斜片備用。
4 雞蛋加入玉米粉水打散。
5 熱鍋加入橄欖油，加入蛋液煎成蛋皮，取出降溫後捲起切成蛋絲
備用。

● **製作主菜**

6 同鍋加入油，加入步驟 2 醃好的雞腿排，以小火將皮面煎至略帶
焦色。
7 翻面後，倒入剩下的照燒醬汁煮滾後，上蓋轉小火，燜燒至雞肉
全熟，【照燒雞腿】即完成。

● **組裝便當**

8 將雞肉取出切條，與甜豆莢、蛋絲依序盛入便當盒。
9 再將鍋中剩餘的醬汁煮至收稠，淋在雞肉上，最後撒上白芝麻即
可。

Jacko
小叮嚀

醬油是豆麥混和釀造，含少量麩質。若對麩質過敏嚴重，可選購不含麩質的醬
油。

炸雞塊／海苔壽司

Fried Chicken & Sushi

中午幫孩子準備了他最愛的炸雞塊海苔壽司便當。

去骨雞腿排切塊後，加調味料及薑泥醃過，沾玉米粉用少油半煎炸至香酥。菠菜整把燙熟，放入冰塊水降溫，用手將水擠壓乾後，再用韓式海苔包住切段，淋上芝麻醬即可。另外，白米飯也用韓式海苔包起來，刷些香油，撒上白芝麻。

最後，便當裡再放些小番茄就 OK 了！

主食
Staple Food
海苔壽司

配菜
Side Dishes
菠菜捲

主菜
Main Course
炸雞塊

雞腿

海苔壽司

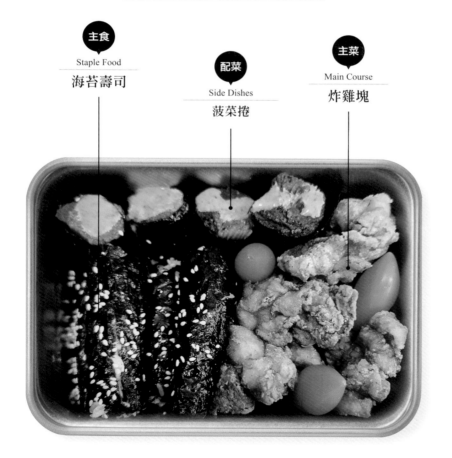

Material

☐ **主食**　白飯 1 碗、韓式海苔 3 片、香油 1 小匙、白芝麻 1 小匙

☐ **主菜**　A　去骨雞腿排 1 塊、玉米粉 50g
　　　　　B　醬油 1 小匙、鹽 1/2 小匙、砂糖 1/2 小匙、白胡椒粉 1/2 小匙、
　　　　　　　水 1 大匙、薑泥 1 小匙

☐ **配菜**　菠菜 150g、韓式海苔 2 片、芝麻沙拉醬 1 大匙、小番茄 3 顆

Practice

● **製作主菜**
1　雞腿排切塊，加入主菜 B 的所有材料，醃製約 10 分鐘後沾上玉米粉。
2　鍋中加入少量食用油，以半煎炸的方式將雞腿排煎至酥脆，【炸雞塊】即完成。

● **製作配菜**
3　將菠菜放入滾水中燙熟，再放入冰水降溫後，取出擠乾水分。
4　用韓式海苔包裹菠菜後切段，淋上芝麻醬，即是【菠菜捲】。

● **製作主食與組裝便當**
5　將白飯捏成圓柱形，用韓式海苔包住後，刷上香油、撒上白芝麻後放入便當盒。
6　再放入小番茄即可。

Jacko 小叮嚀
● 韓式海苔要記得選用不含醬油成分的口味。
● 醬油是豆麥混和釀造，含少量麩質。若對麩質過敏嚴重，可選購不含麩質的醬油。

黃瓜雞丁 ▶ 海苔玉子燒

Stir-fried Chicken with Cucumber & Nori Tamago

小時候我並不喜歡小黃瓜，總覺得它有股奇怪的生味。

不過，孩子們卻很喜歡吃小黃瓜。看樣子，偏食是不會遺傳的。

今天給孩子準備很家常的黃瓜炒雞丁搭配海苔玉子燒及紫米便當。

雞腿

紫米飯

配菜
Side Dishe
海苔玉子燒

主菜
Main Course
黃瓜炒雞丁

主食
Staple Food
紫米飯

Material

- ☐ **主食** 紫米飯 1 碗

- ☐ **主菜** **A** 去骨雞腿排 1 塊、青蔥 1 支、蒜頭 1 瓣、薑 10g、小黃瓜 50g、
   雪白菇 30g、黑木耳 20g、清酒 1 大匙、鹽 1 小匙、
   白胡椒粉 1/2 小匙、太白粉水適量
   B 鹽 1/2 小匙、白胡椒粉 1/2 小匙、蛋白 1/2 個、玉米粉 1/2 大匙、
   香油 1 大匙

- ☐ **配菜** 雞蛋 2 個、味醂 1 大匙、水 1 大匙、韓式海苔 2 片、小番茄 2 顆

Practice

切割食材與備料
1 雞腿排去皮切丁後,加入主菜 B 的所有材料醃製約 10 分鐘。
2 青蔥切成珠;蒜頭切片;薑切小菱片。小黃瓜連續剖半兩次後,去除中心有籽的部分,斜切成段。
3 雞蛋加入味醂、水打散拌勻。

製作配菜
4 熱鍋,加入食用油,倒入步驟 3 的適量蛋汁後,鋪上韓式海苔片,再將蛋皮捲起推至鍋沿。
5 重複做法 4 至蛋汁用盡後,取出即完成【海苔玉子燒】。

製作主菜
6 冷油入鍋,放入雞腿丁、雪白菇、黑木耳炒熟。
7 再加入蔥珠、蒜片、薑片炒香後,再加入小黃瓜、清酒、鹽、白胡椒粉,以大火快炒 30 秒。
8 加入太白粉水勾薄芡即完成【黃瓜炒雞丁】。

組裝便當
9 盛便當時,先放入紫米飯與黃瓜炒雞丁,再放入切成塊的玉子燒與小番茄即可。

Jacko 小叮嚀
● 切割食材與備料的步驟可依自己的習慣調整前後順序。
● 韓式海苔要記得選用不含醬油成分的口味。

蔥油雞｜燜高麗菜薑黃飯

Scallion Oil Chicken Braised Rice

雖然我非常享受大火熱炒式的烹調，

不過，有時將所有切好食材、調味料，加上白米一起放入電鍋，

輕輕鬆鬆也可以料理出營養美味的一餐！

今天就偷個懶用電鍋幫孩子煮蔥油雞燜高麗菜薑黃飯便當吧！

雞腿

薑黃飯

配菜
Side Dishe
燙青江菜

主菜
Main Course
蔥油雞

主食
Staple Food
高麗菜
薑黃飯

Material

Serving
1 人份

□ **主食**　A 白米 1 杯、薑黃粉 1 大匙、奶油 20g、熱水 1 杯
　　　　　B 鴻喜菇 1/2 包、紅蘿蔔 15g、高麗菜 80g、水 1 杯

□ **主菜**　A 去骨雞腿排 1 塊、鹽 1/2 小匙、白胡椒粉 1/2 小匙
　　　　　B 蒜頭 2 瓣、薑 10g、青蔥 2 支、醬油 1 大匙、香油 1 大匙、
　　　　　　砂糖 1 小匙

□ **配菜**　青江菜 1 束、小番茄 3 顆

Practice

切割食材
與備料

1　白米洗淨，瀝乾後放入電子鍋，加入薑黃粉、奶油、熱水拌勻。
2　雞腿排加入鹽、白胡椒粉抓醃備用。
3　紅蘿蔔切絲；高麗菜剁小塊；蒜頭、薑切碎；蔥切成蔥花。

製作主食
與主菜

4　熱鍋後，倒入食用油，加入薑、蒜頭、蔥煎香後，把瀝出的油倒
　　入步驟 1 的電子鍋內。
5　依序放入水、高麗菜、紅蘿蔔、鴻喜菇、雞腿排，按下開關開始
　　煮飯，等開關跳起，即完成【高麗菜薑黃飯】與【蔥油雞】。
6　將步驟 4 留下的蔥、薑、蒜頭加入醬油、香油、砂糖煮滾成醬汁。

製作配菜
與
組裝便當

7　另備一鍋水煮滾後，放入青江菜燙熟。
8　盛便當時，先將步驟 5 煮好的飯拌勻放入便當盒，再將雞腿排取
　　出切塊，並淋上步驟 6 的醬汁。
9　最後放入燙熟的青江菜與小番茄即可。

Jacko
小叮嚀

切割食材與備料的步驟可依自己的習慣調整前後順序。

奶油蘑菇燒雞｜捲捲麵

Creamy Mushroom Chicken Rotini

或許是麩質過敏的人越來越多，
現在市售米饅頭、米貝果、無麩質餅乾及無麩質義大利麵選擇更多了。
今天氣溫開始變涼了，給孩子買了無麩質的義大利捲捲麵，
來做一道奶香濃郁的奶油蘑菇燒雞捲捲麵吧！

雞腿

捲捲麵

配菜
Side Dishes
水煮綠花椰菜 / 水煮玉米筍

主菜
Main Course
奶油蘑菇
燒雞

主食
Staple Food
義大利
捲捲麵

Material

☐　**主食**　無麩質義大利捲捲麵 100g

☐　**主菜**　A　去骨雞腿排 1 塊、鹽 1/2 小匙、黑胡椒粉 1/2 小匙
　　　　　　B　紫洋蔥 30g、蒜頭 2 瓣、蘑菇 50g、九層塔 15g、奶油 20g、
　　　　　　　　鹽 1 小匙、黑胡椒粉 1/2 小匙、清酒 1 大匙、味醂 2 大匙、
　　　　　　　　檸檬汁 1/2 大匙、鮮奶油 100g

☐　**配菜**　綠花椰菜 3 朵、玉米筍 2 根、帕瑪森起司粉 1 大匙

Practice

● **切割食材
與備料**

1　雞腿排撒上鹽、黑胡椒粉後抓醃備用。

2　綠花椰菜切小朵，與玉米筍一起用滾水加入少許鹽煮熟後，取出
　　瀝乾。

3　紫洋蔥切丁；蒜頭、蘑菇切片；九層塔切碎。

● **製作主食**

4　義大利捲捲麵煮 6 分鐘後瀝乾，拌入少許橄欖油，以防黏成一團。

● **製作主菜**

5　熱鍋，加入食用油，將雞腿排皮面向下，煎至雞皮略帶焦色，再
　　翻面煎至變色，取出切塊備用。

6　同鍋，加入奶油，加入紫洋蔥、蘑菇、蒜片煎香後，加入鹽、黑
　　胡椒粉調味。

7　接著加入雞腿排、清酒、味醂、檸檬汁、鮮奶油煮滾，上蓋，以
　　小火續煮 3 分鐘。

8　開蓋煮至稍微收汁，再撒上九層塔碎即可盛入便當盒。

● **組裝便當**

9　盛便當時，先裝麵再放入燒雞，接著放上綠花椰菜、玉米筍，再
　　撒上起司粉即完成。

**Jacko
小叮嚀**

切割食材與備料的步驟可依自己的習慣調整前後順序。

三杯雞 便當

Three-cup Chicken Bento

還記得大學畢業回台後，我在一家外商廣告公司上班。
同事們聚餐吃熱炒，那是我人生第一次嘗到濃郁醬汁、香氣逼人的三杯雞。
今天開學孩子第一天上學，讓他稍微放輕鬆，
就來準備這一道台味十足香噴噴的三杯雞便當吧！

雞腿

白飯

主菜
Main Course
什錦三杯雞

主食
Staple Food
藜麥白飯

○ Material

□ **主食**　藜麥白飯 1 碗

□ **主菜**　A 去骨雞腿排 1 塊、鹽 1/2 小匙、醬油 1/2 大匙、蠔油 1/2 大匙、
　　　　　白胡椒粉 1 小匙、紹興酒 1 大匙、玉米粉 1 大匙、香油 1 大匙
　　　　B 杏鮑菇 50g、青蔥 1 支、紅蘿蔔 15g、小黑木耳 20g、洋蔥 20g、
　　　　　青椒 15g、甜椒 15g、玉米筍 1 根、薑片 10g、橄欖油 1/2 大匙、
　　　　　麻油 1/2 大匙、蒜頭 2 瓣、紅蔥頭 1 瓣、醬油 1 大匙、米酒 1 大匙、
　　　　　砂糖 2 小匙、鹽 1/2 小匙、綠花椰菜 3 朵、九層塔葉 15g

○ Practice

● **切割食材
與備料**

1　雞腿排切成適口的大小後，再加入主菜 A 其他材料醃製 15 分鐘
　　備用。

2　杏鮑菇切厚片後劃刀；蔥切成段；紅蘿蔔、黑木耳切片；洋蔥、
　　青椒、甜椒切小塊；玉米筍切斜段。

● **製作主菜
並
組裝便當**

3　鍋中放入杏鮑菇、薑片，煎至稍微上色後取出。

4　薑片焙至略乾後，加入橄欖油、麻油、蒜頭、紅蔥頭、洋蔥、紅
　　蘿蔔炒香。

5　將鍋中的食材推至一邊，加入雞腿排，煎至表皮上色。

6　加入杏鮑菇、黑木耳、玉米筍炒勻，再加入醬油煮滾。

7　接著下入米酒、砂糖、鹽翻炒後上蓋，以中火煮約 5 分鐘。

8　開蓋，加入綠花椰菜、蔥、青椒、甜椒，上蓋燜煮 1 分鐘。

9　開蓋，再加入九層塔葉，以大火炒至收汁，即可與白飯一起盛入
　　便當盒。

● **Jacko
小叮嚀**

● 傳統的三杯雞只有雞肉，雖然蛋白質豐富卻缺乏纖維質，只要加入各種時蔬
　稍微變化一下，顏色繽紛多彩不但看起來更好吃美味，也可兼顧營養。

● 蠔油含醬油成分，會有少量麩質。

● 紹興酒是使用多種穀類釀造，含有小麥成分，所以有麩質。

炸雞塊 便當

Fried Chicken Bento

孩子今天出門上學時，開心地說星期五放學後就要放假了！
周末想在家裡吃炸雞看卡通。好小子，上課前就開始計畫自己的度假模式了呢！
星期五的午餐就用炸雞塊便當幫孩子提前慶祝周末吧！

主菜

Main Course

炸雞塊

主食

Staple Food

藜麥白飯

配菜

Side Dishes

水煮紫玉米 / 水煮綠花椰菜 / 氣炸馬鈴薯

雞腿

白飯

Material

☐	主食	藜麥白飯 1 碗
☐	主菜	A 去骨雞腿排 1 塊、地瓜粉 80g
		B 鹽 1.5 小匙、白胡椒粉 1 小匙、米酒 1 大匙
☐	配菜	A 紫玉米 1/2 根、小馬鈴薯 1 個、食用油適量、鹽少許、小番茄 2 顆
		B 水 150cc、鹽 1/2 小匙、砂糖 1/2 小匙、綠花椰菜 3 ～ 5 朵、
		日式美乃滋適量

Practice

製作配菜 A
1 紫玉米事先煮熟。
2 馬鈴薯切成厚片,放入碗中加水蓋過,微波加熱 6 分鐘。
3 取出瀝乾後,淋上少許油、鹽,放入氣炸鍋,以 185℃炸 12 分鐘。

製作主菜
4 雞腿排切成適口的大小,加入主菜 B 的材料醃製 15 分鐘。
5 將雞肉均勻沾上地瓜粉,放入 170℃的熱油鍋中炸熟。

製作配菜 B
6 取鍋,加入水、鹽、砂糖煮滾後,放入綠花椰菜,上蓋蒸煮約 1 分鐘,取出瀝乾。

組裝便當
7 將所有食材放入便當盒,在花椰菜上擠上日式美乃滋即可。

Jacko 小叮嚀
● 氣炸鍋的溫度與時間可自行調整。如果家裡沒有氣炸鍋,馬鈴薯也可以用平底鍋或炒鍋代替,以半煎炸的方式炸熟。
● 使用日式美乃滋時,請確認是否使用小麥(澱)粉當增稠劑。

味噌菠菜 燒雞肉

Miso Spinach Chicken

雞腿　白飯

主菜 Main Course
味噌菠菜
燒雞肉

主食 Staple Food
藜麥白飯

醬汁是一道料理的靈魂，同樣的食材換個調味料就出現不同的風味。今天將菠菜炒雞肉加上味噌，這道菜就像立刻穿上和服一樣，有了日式風味。一起動手做做看吧！

Material

1 Serving 人份

☐ **主食**　　藜麥白飯 1 碗

☐ **主菜**　　A 去骨雞腿排 1 塊、紅蘿蔔 15g、洋蔥 30g、玉米筍 1 根、蒜頭 2 瓣、
　　　　　　　　小番茄 2 顆、薑片 10g、鴻喜菇 50g、菠菜 80g
　　　　　　　B 味噌 1 大匙、味醂 1 大匙、清酒 1 大匙、砂糖 1 小匙、水 1 大匙

Practice

---

1 將主菜 B 的所有材料混合均勻即是【味噌炒醬】。

2 雞腿排切成適口的大小；紅蘿蔔切片；洋蔥切塊；玉米筍切斜段；蒜切片；小番茄切半。

3 熱鍋，倒入食用油，將雞腿排皮面朝下，煎至略帶焦色。

4 接著加入紅蘿蔔、洋蔥、小番茄、薑片、蒜片、鴻喜菇、菠菜，以大火翻炒約 30 秒。

5 淋入步驟 1 的味噌炒醬，上蓋轉小火，燜煮 1 分鐘。

6 開蓋，以大火快炒至食材全熟，即可裝入便當盒。

雞腿　薑黃飯

塔香番茄 燒雞肉

Basil Tomato Chicken

雞肉給孩子帶便當。

排和九層塔來做一道塔香番茄燒

的小番茄，今天就搭配去骨雞腿

料理呢？家裡剛好有一盒熟過頭

茄、九層塔又會讓你想到那一道

你想到打拋肉。那麼雞肉、小番

如果絞肉、小番茄、九層塔會讓

主食
Staple Food

奶油
薑黃飯 ——

主菜
Main Course

塔香番茄
燒雞肉

---

1 Serving
人份

☐ **主食**　白米 1 杯、薑黃粉 1 大匙、奶油 20g、熱水 1 杯

☐ **主菜**　A　去骨雞腿排 1 塊、蒜頭 2 瓣、小番茄 3 顆、紫洋蔥 30g、
　　　　　　精靈菇 30g、黑木耳 20g、綠花椰菜 3 朵、九層塔 20g
　　　　　　B　醬油 1/2 大匙、蠔油 1/2 大匙、砂糖 1 小匙、米酒 1 大匙、
　　　　　　水 100cc、太白粉水 1 大匙

Practice

● **製作主食**　1　白米洗淨瀝乾後放入電子鍋，加入薑黃粉、奶油、熱水拌勻，按
　　　　　　　　下開關煮好即為【奶油薑黃飯】。

　　　　　　　2　雞腿排切塊；蒜頭切碎；小番茄切半；紫洋蔥切薄片。

　　　　　　　3　將主菜 B 的材料醬油、蠔油、砂糖、米酒、水拌勻備用。

　　　　　　　4　熱鍋，倒入食用油，將雞腿排皮面向下，煎至略帶焦色。

● **製作主菜**　5　加入蒜頭、紫洋蔥、精靈菇、黑木耳炒約 30 秒。

　　　　　　　6　接著加入小番茄、綠花椰菜與步驟 3 的醬汁稍微拌炒後，上蓋以
　　　　　　　　小火燜煮 30 秒。

　　　　　　　7　開蓋，加入九層塔，再以大火拌勻，起鍋前，加入太白粉水勾薄
　　　　　　　　芡即可。

南瓜咖哩 燉飯

Pumpkin Curry Risotto

雞腿　燉飯

自從開始幫兒子做便當送便當，發現辛勤如我，也會有想偷懶走個偷吃步讓自己放鬆一下。今天做孩子的便當不開火，將所有食材及調味料放入電子鍋，一鍵按下，有如一指神廚做一道超級簡單的南瓜咖哩燉飯。

Material

1 Serving 人份

- [ ] **材料**　　去骨雞腿排 1 塊、綠花椰菜 3 ～ 5 朵、南瓜 80g、
  紅蘿蔔 15g、洋蔥 30g、青蔥 1 支、白米 1/2 杯、牛奶 50cc、
  水 100cc、薑末 1 小匙

- [ ] **醃料**　　醬油 1 大匙、白胡椒粉 1/2 小匙、米酒 1 大匙、玉米粉 1 小匙

- [ ] **咖哩醬**　奶油 20g、蒜泥 1 小匙、咖哩粉 2 小匙、砂糖 2 小匙、鹽 1 小匙

Practice

1　將【咖哩醬】的所有材料拌勻。

2　雞腿排切成適口的大小，加入【醃料】抓醃備用。

3　綠花椰菜事先燙熟；南瓜、紅蘿蔔切成片；洋蔥切碎；蔥切成蔥花。

4　電鍋加入洗淨瀝乾的白米、牛奶、水，再放入雞腿排、南瓜、紅蘿蔔、洋蔥、蔥、薑末。

5　接著加入咖哩醬拌勻，按下開關開始煮飯。

6　煮好開蓋，再拌入綠花椰菜，簡簡單單即完成南瓜咖哩燉飯。

雞腿　炊飯

竹筍雞肉 炊飯

Bamboo Shoot Chicken Rice

孩子今天小學期末考，出門前我跟孩子說，考卷上的分數代表你努力學習的成績，要和自己比較，知道如何進步才是重點喔！今天準備一道簡單美味的電鍋料理——竹筍雞肉炊飯。切得一粒粒的竹筍，預祝他考得順順利利！

Material

□ **材料**　　去骨雞腿排 1 塊、乾香菇 4 朵、水 180cc、綠竹筍 150g、
　　　　　　紅蘿蔔 30g、白米 1 杯、食用油少許、芹菜 20g、紅蔥頭酥 1 大匙

□ **調味料**　醬油 1 大匙、味醂 1 大匙、米酒 1 大匙、香油 1 大匙、胡椒粉 1 小匙

1 Serving 人份

Practice

1 雞腿排切成適口大小；乾香菇放入水中泡軟取出，擠乾水分，切絲備用；綠竹筍切成骰子丁；紅蘿蔔切丁。

2 白米洗淨瀝乾，放入電鍋，加入醬油、味醂、米酒及步驟 1 的泡香菇水備用。

3 熱鍋，加入少許食用油，再放入雞腿排，將皮面煎至略帶焦痕取出備用。

4 同鍋，放入綠竹筍丁、紅蘿蔔丁、香菇絲炒香後，再加入少許香油、胡椒粉炒勻，並將所有的食材放入電鍋內，均勻鋪在白米上。

5 電鍋設定快速煮飯就完成了！

6 煮好後，加入芹菜末、紅蔥頭酥就可以盛入便當盒。

香菜檸檬雞 便當

Lemon Chicken Bento

天氣悶熱，今天為孩子做一道開胃下飯的香菜檸檬雞
（不敢吃香菜的朋友，直接做檸檬雞即可），
搭配黃澄澄的薑黃飯，一定可以讓他把整個便當吃光光！

雞腿

薑黃飯

配菜

Side Dishes

氣炸南瓜片 / 香煎櫛瓜

主菜

Main Course

香菜檸檬雞

主食

Staple Food

奶油薑黃飯

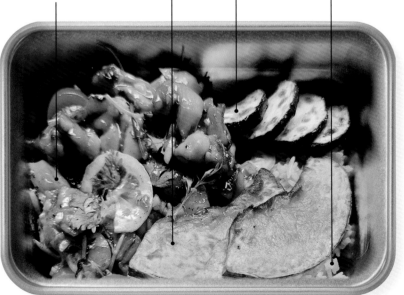

Material

- ☐ **主食** 白飯 1 碗
- ☐ **主菜** A 二節雞翅 5 支、蒜頭 2 瓣、小番茄 3 顆、檸檬皮適量、奶油 20g、
  蜂蜜 10cc
  B 鹽 1/2 小匙、砂糖 1/2 小匙、黑胡椒粉 1/2 小匙、米酒 1 大匙、
  水 1 大匙
  C 檸檬汁 1/2 大匙、柳橙汁 2 大匙、水 2 大匙、砂糖 2 小匙、
  玉米粉 2 小匙
- ☐ **配菜** 綠花椰菜 4 朵

Practice

- ● **切割食材
  與備料**
  1 將主菜 C 的所有材料混合均勻即為【醬汁】。
  2 雞翅加入主菜 B 的所有材料抓醃備用。
  3 綠花椰菜事先燙熟煮好；蒜頭切碎；小番茄切半；檸檬皮刨成細
    屑。

- ● **製作主菜**
  4 熱鍋下入食用油，將雞翅煎至上色。
  5 加入蒜頭炒香，再加入步驟 1 的醬汁、小番茄煮滾，上蓋，轉中
    火續煮 2 分鐘。
  6 開蓋，加入奶油、蜂蜜煮至稍微收汁後，撒上檸檬皮即可。

- ● **組裝便當** 7 將白飯、【檸檬雞翅】與【水煮綠花椰菜】依序盛入便當盒。

Part
2

Pork
Bento

豬 肉 類

便 當

豬肉的質地多變，可以根據不同的烹調方式展現不同的口感，

如鹹甜多汁的薑汁燒肉、或入口即化的滷肉、可以大口吃肉的煎豬排等等，

或做成炒麵、鹹粥或炊飯，更能與其他蔬菜、豆腐、蛋類等多種配料互相搭配，

製作出華麗豐富又色香味俱全的便當菜。

Jacko's gluten-free bento

薑汁燒肉 什蔬炒麵

Ginger Sauce Pork Stir-fried Noodles

油麵適合做台式炒麵，家常麵條通常用來做湯麵，
誰說義大利麵就一定要做成茄汁紅醬或奶油白醬義大利麵呢？
今天就用無麩質的義大利麵來做一道日式風味的薑汁燒肉什蔬炒麵吧！

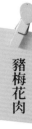

豬梅花肉

義大利麵

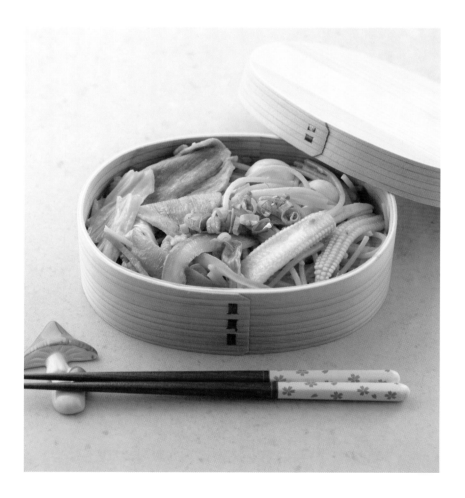

Material

Serving
1 人份

☐ **材料**　無麩質義大利麵 120g、紫洋蔥 30g、紅蘿蔔 30g、
玉米筍 2 根、高麗菜 80g、青蔥 1 支、梅花豬肉 100g、
橄欖油 1 大匙、雪白菇 30g、豆芽菜 30g

☐ **醃料**　薑泥 1 小匙、蒜末 1 小匙、醬油 1.5 大匙、味醂 1 大匙、清酒 1 大匙、
砂糖 1 小匙、水 3 大匙、玉米粉 2 小匙

Practice

義大利麵事先煮熟；紫洋蔥、紅蘿蔔切絲；玉米筍切薄片；高麗菜剁小塊；蔥白切段、蔥綠切成蔥花。

豬肉片切成適口的大小，加入【醃料】醃製備用。

熱鍋倒入橄欖油，加入紫洋蔥、紅蘿蔔、玉米筍、高麗菜、蔥白、雪白菇、豆芽菜炒香後取出。

同鍋加入豬肉片，連同【醃料】一起炒熟。

最後加入義大利麵、炒好的蔬菜拌炒收汁。

盛入便當盒，撒上蔥綠即可。

燒肉捲 ▶ 香煎豆腐

Grilled Meat Rolls with Pan-fried Tofu

今天的便當用梅花豬肉片將秋葵、玉米筍、蔥段、金針菇分別捲成肉捲。
放入平底鍋煎上色，再加入簡易照燒醬汁（醬油、米酒、砂糖、水及薑泥）
燒至醬汁變稠，取出灑上白芝麻。
搭配蝦米炒高麗菜、香煎蛋豆腐加上 2 顆小番茄。
今天就用燒肉捲便當讓孩子提早感受中秋烤肉節吧！

豬梅花肉

紫米飯

主菜
Main Course
燒肉捲

配菜
Side Dishes
蝦米炒高麗菜 / 香煎豆腐

主食
Staple Food
紫米飯

Material

☐ **主食**　紫米飯 1 碗

☐ **主菜**　A 青蔥 1 支、秋葵 1 根、玉米筍 1 根、金針菇 10g、
　　　　　　梅花豬肉 100g、太白粉 1/2 小匙、白芝麻 1 小匙
　　　　　B 醬油 1 大匙、米酒 1 大匙、砂糖 2 小匙、水 100cc、薑泥 1 小匙

☐ **配菜**　A 雞蛋豆腐 30g、鹽少許
　　　　　B 蝦米 1 小匙、冷水 1 大匙、高麗菜 80g、蒜碎 1 小匙、
　　　　　　紅蘿蔔片 10g、黑木耳 10g、鹽 1/2 小匙、白胡椒粉 1/2 小匙
　　　　　C 小番茄 2 顆

Practice

● **製作**
　配菜 A

　1　熱鍋加入食用油，將豆腐煎至兩面金黃，撒上鹽調味即為【香煎豆腐】。

　2　蝦米加入冷水泡軟；高麗菜剝成片。

● **製作**
　配菜 B

　3　熱鍋加入油，放入蝦米、蒜碎、紅蘿蔔片、黑木耳炒香，再加入高麗菜炒約 10 秒。

　4　加入泡蝦米水、鹽、白胡椒粉，上蓋燜煮 1 分鐘即為【蝦米炒高麗菜】。

　5　將主菜 B 的所有材料混合均勻即為【醬汁】。

　6　蔥切段；秋葵、玉米筍劃開不切斷；金針菇剝小束。

● **製作主菜**

　7　豬肉片撒上太白粉，再將所有食材分別用豬肉片捲起。

　8　熱鍋加入食用油，以小火將豬肉捲煎至上色。

　9　加入【醬汁】，上蓋煮至濃稠。

　10　開蓋翻動豬肉捲，撒上白芝麻即完成【燒肉捲】。

● **組裝便當**

　11　盛便當時，先放入紫米飯，再依序放入主菜、配菜與小番茄即可。

Jacko
小叮嚀

也可以依自己的習慣，把【切割食材與備料】的相關步驟 1、2、5、6、7 先做完再依序烹調。

糖醋梅花 炒什錦

Sweet and Sour Pork Stir-fry with Mixed Vegetables

豬梅花肉

白飯

主菜
Main Course
糖醋梅花
炒什錦

主食
Staple Food
白飯

熱炒料理很多時候，只要醬汁對了，食材隨意搭都很好吃。今天用簡單好記的 321 糖醋醬（3 大匙醋、2 大匙醬油、1 大匙糖），來做一道甜甜酸酸的糖醋梅花炒什錦給孩子帶便當吧！

Material

① Serving 人份

☐ **主食**　白飯 1 碗

☐ **主菜**　A 梅花豬肉 100g、蒜頭 2 瓣、青蔥 1 支、蘆筍 3 根、紅蘿蔔 15g、
　　　　　　櫛瓜 30g、洋蔥 30g、玉米筍 1 根、豆芽菜 30g、白芝麻 1 小匙
　　　　　　B 鹽 1/2 小匙、黑胡椒粉 1/2 小匙、米酒 1 大匙、水 1 大匙、
　　　　　　玉米粉 1 小匙
　　　　　　C 糯米醋 3 小匙、醬油 2 小匙、砂糖 1 小匙

Practice

1　將豬肉片加入主菜 B 的所有材料抓醃備用。

2　主菜 C 的所有材料混合均勻即是【321 糖醋醬】。

3　蒜頭切碎；蔥、蘆筍切段；紅蘿蔔、櫛瓜切片。

4　熱鍋下入食用油，將櫛瓜兩面各煎約 30 秒後取出。

5　同鍋，加入少許食用油，將豬肉片煎至略帶焦色，再加入洋蔥、蒜頭、蔥、紅蘿蔔、玉米筍拌炒均勻。

6　加入【321 糖醋醬】，以大火拌炒 10 秒；接著加入蘆筍、豆芽菜，上蓋，以小火燜 30 秒。

7　開蓋，加入櫛瓜後，以大火炒至收汁，再撒上白芝麻即可。

豬五花肉

白飯

泡菜 ▶ 炒豬五花

Stir-fried Meat with Kimchi

或許是天氣熱了，小五生的大兒子忽然對吃酸酸辣辣的韓式泡菜很有興趣。今天就幫他做一道簡單美味又開胃的泡菜炒五花便當吧！別忘了最後盛便當時，再加上一顆荷包蛋喔！

配菜 Side Dishe
荷包蛋

主菜 Main Course
泡菜炒五花

主食 Staple Food
白飯

Material

1 Serving
人份

□ **主食**　白飯 1 碗

□ **主菜**　A 洋蔥 30g、紅蘿蔔 20g、蒜頭 2 瓣、小黃瓜 50g、玉米筍 1 根、
　　　　　　　豬五花肉 100g、韓式泡菜 2 大匙
　　　　　　B 鹽 1/2 小匙、黑胡椒粉 1/2 小匙、水 100cc、醬油 1 小匙、
　　　　　　　清酒 1 大匙、砂糖 1 小匙、太白粉水 1 大匙

□ **配菜**　雞蛋 1 個

Practice

1　洋蔥、紅蘿蔔切絲；蒜頭切碎；小黃瓜切片；玉米筍切斜片。
2　熱鍋，下入食用油，放入雞蛋，以小火煎至蛋白凝固即可盛出，即完成【荷包蛋】。
3　同鍋，將豬五花肉煎至略帶焦痕，撒上鹽、黑胡椒粉調味。
4　再加入洋蔥、紅蘿蔔、蒜頭、小黃瓜、玉米筍炒約 30 秒。
5　接著放入韓式泡菜、水、醬油、清酒、砂糖拌炒均勻。
6　起鍋前，加入太白粉水勾芡即完成【泡菜炒五花】。
7　依序將飯、煮菜與配菜裝入便當盒即可。

花生醬涼拌梅花丼飯

Cold Pork Salad

天氣又悶又濕，怕孩子胃口不佳，自己也不想在廚房裡弄得又熱又悶。
今天幫孩子準備一份清爽的花生醬涼拌梅花丼，好吃開胃又下飯。

配菜
Side Dishe
氣炸馬鈴薯

主菜
Main Course
花生醬涼拌
梅花肉

主食
Staple Food
白飯

豬五花肉

白飯

Material

☐ **主食** 白飯 1 碗

☐ **主菜** A 紫洋蔥 50g、香菜 10g、小番茄 5 顆、小黃瓜 50g、醬油少許、
豬五花肉 100g、玉米粒 30g、水煮蛋 1/2 個
B 無糖花生醬 1.5 大匙、醬油 1 大匙、味醂 1 大匙、醋 2 小匙、
糖 1 小匙

☐ **配菜** 馬鈴薯塊適量、鹽少許、橄欖油適量

Practice

1 紫洋蔥切絲，泡冰水去腥約5分鐘，取出瀝乾備用；香菜切段；小番茄剖半；小黃瓜用波浪刀切0.5公分片狀備用。

2 將主菜B的所有材料混合均勻即為【醬汁】。

3 馬鈴薯塊加水蓋過，再加入少許鹽，微波6分鐘後，取出瀝乾，淋上橄欖油，再放入氣炸鍋以185℃炸12分鐘即為【氣炸馬鈴薯】。

4 滾水加入1大匙醬油（份量外），將豬肉片泡熟後，瀝乾放涼。

5 將所有食材放入便當盒中，加入【醬汁】拌勻即可。

Jacko
小叮嚀

如果家裡沒有氣炸鍋，馬鈴薯也可以用平底鍋或炒鍋代替，以半煎炸的方式炸熟。

焢肉飯｜白菜滷

Braised Pork Rice & Cabbage

台式便當前三名的菜色肯定是排骨飯、雞腿飯、焢肉飯。
而且不知道為什麼，焢肉絕對要配上台味十足的白菜滷才對味！
濕濕冷冷的天氣，今天就幫孩子準備甘鹹油香的焢肉飯便當搭配白菜滷！

主食
Staple Food
白飯

配菜
Side Dishe
滷豆乾

主菜
Main Course
焢肉

配菜
Side Dishe
白菜滷

豬五花肉

白飯

1 Serving
人份

☐ **主食** 白米 1 杯、薑黃粉 1 大匙、奶油 20g、熱水 1 杯

☐ **主菜** A 豬五花肉 100g、蒜頭 2 瓣、洋蔥 50g、青蔥 2 支、小番茄 3 顆、
雪白菇 30g
B 醬油 1/2 小匙、黑胡椒粉 1/2 小匙、玉米粉 1 小匙
C 醬油 1 大匙、米酒 1 大匙、水 3 大匙、砂糖 1/2 大匙、
烏醋 1/2 大匙

● **製作主食**
1 白米洗淨瀝乾後放入電子鍋，加入薑黃粉、奶油、熱水拌勻，按
下開關煮好即為【奶油薑黃飯】。

● **切割食材**
與備料
2 豬五花肉片加入主菜 B 的所有材料抓醃備用。
3 將主菜 C 的所有材料拌勻即為【醬汁】。
4 蒜頭切碎；洋蔥切薄片；小番茄切半；蔥切段，白色與綠色部分
分開。

● **製作主菜**
5 熱鍋下入食用油，加入豬肉片、蒜頭炒至肉片略帶焦痕。
6 加入洋蔥、蔥白炒約 30 秒。
7 再加入小番茄、雪白菇、拌勻的【醬汁】，以大火煮滾。
8 最後加入蔥綠煮至收汁即完成主菜。

● **組裝便當**
9 盛便當時，先放入【奶油薑黃飯】，再將【雙蔥番茄爆五花】鋪
在飯上即可。

Jacko
小叮嚀

● 醬油是豆麥混和釀造，含少量麩質。若對麩質過敏嚴重，可選購不含麩質的
醬油。
● 烏醋的基礎是多穀類釀造的醋，通常含有小麥，如果很在意麩質含量，請省
略不加。

醬燒排骨 🚩 便當

Braised Ribs Bento

今天趕著去台北錄中廣《蔣公廚房》，一早開始準備孩子的醬燒排骨便當。
將川燙過的排骨擦乾，加冰糖入鍋炒上誘人的糖色。
再加入紹興酒、醬油、蒜泥、蔥段、薑片還有水淹過排骨，
上蓋煮一個半小時。中間開蓋加入馬鈴薯及紅蘿蔔續煮。
最後搭配一道清爽的青江菜蘑菇，今天就讓蔣夫人出馬送便當啦！

配菜
Side Dishe
青江菜炒蘑菇

主菜
Main Course
醬燒排骨

主食
Staple Food
紫米飯

豬排骨

紫米飯

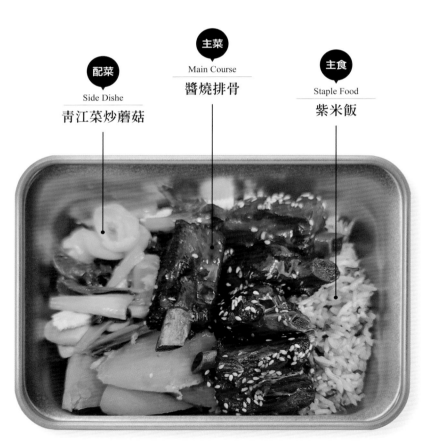

1-2
Serving
人份

Material

☐ **主食** 紫米飯 1 碗

☐ **主菜** 排骨 300g、青蔥 2 支、小馬鈴薯 2 個、紅蘿蔔 50g、冰糖 1 大匙、
薑片 10g、蒜泥 2 小匙、紹興酒 1 大匙、醬油 3 大匙、水 1000cc

☐ **配菜** 青江菜 3 束、蘑菇 50g、蒜頭 1 瓣、鹽 1/2 小匙、水 1 大匙

Practice

● **製作配菜**

1 青江菜葉梗分開切小段；蘑菇、蒜頭切片。
2 熱鍋加入油，加入蒜片、青江菜梗炒香。
3 加入蘑菇片，拌炒均勻約 1 分鐘。
4 加入青江菜葉、鹽、水，上蓋燜煮至食材全熟，開蓋炒勻即完成
【青江菜炒蘑菇】。

● **製作主菜
與
組裝便當**

5 蔥切成段；馬鈴薯、紅蘿蔔切滾刀塊。
6 取一鍋水，放入排骨煮滾後，將汆燙好的排骨用冷水沖洗瀝乾備
用。
7 熱鍋加入油，加入冰糖炒出糖色後，再加入排骨翻炒至上色。
8 加入蔥段、薑片、蒜泥、紹興酒、醬油煮滾後，加水蓋過排骨，
再上蓋煮 60 分鐘。
9 開蓋加入馬鈴薯、紅蘿蔔，上蓋續煮 20 分鐘，即可與紫米飯一
起盛入便當盒。
10 最後再放入【青江菜炒蘑菇】即可。

**Jacko
小叮嚀**

● 紹興酒是使用多種穀類釀造，含有小麥成分，所以有麩質。
● 製作【醬燒排骨】時，加入馬鈴薯與紅蘿蔔一起燒煮，快速方便又簡單，不
但可以讓菜色更豐富，營養也更完整。

番茄｜燉排骨

Tomato-braised Ribs

有人每天進出股市，看準時機買股賺錢。
而我每天一早就愛逛菜市，菜比三家不吃虧！
今天在傳統市場買到又紅又美的牛番茄，一袋五粒只要 50 元。
雖然不如股票有股息可拿，這一袋鮮美番茄，
卻可做一道香甜可口的番茄燉排骨，讓孩子多吃一碗飯！

主食
Staple Food
藜麥薑黃飯

配菜
Side Dishes
蒜炒長豆 / 氣炸馬鈴薯

主菜
Main Course
番茄燉排骨

豬排骨

薑黃飯

Material

☐ **主食** 白米 1 杯、藜麥適量、薑黃粉 1 大匙、奶油 20g、
熱水 1 杯

☐ **主菜** 排骨 300g、番茄 250g、紫洋蔥 50g、蒜頭 3 瓣、紅蘿蔔 80g、濃縮
番茄膏 1 大匙、醬油 1 大匙、水 1000cc、砂糖 2 小匙、米酒 1 大匙、
奶油 20g

☐ **配菜** 小馬鈴薯 2 顆、橄欖油 1 大匙、鹽 1 小匙、長豆 80g、蒜碎 1 大匙、
水 200cc

Practice

● **製作主食**　1　白米、藜麥洗淨瀝乾後，放入電子鍋，加入薑黃粉、奶油、熱水
拌勻，按下開關煮好即為【藜麥薑黃飯】。

2　馬鈴薯去皮，切小塊，放入碗中加水蓋過，用微波爐加熱 6 分鐘。

● **製作配菜**　3　取出瀝乾後，加入橄欖油、1/2 小匙鹽，再放入氣炸鍋，以
185℃炸 12 分鐘備用。

4　熱鍋加入油，放入切段的長豆、蒜碎、1/2 小匙鹽略炒、再加水，
上鍋蓋燜燒。待長豆入味變熟、開蓋收汁，攪拌均勻即可上桌。

5　排骨汆燙後洗淨瀝乾備用。

6　去皮的番茄切丁；紫洋蔥、蒜頭切碎；紅蘿蔔滾刀切小塊。

● **製作主菜
與
組裝便當**　7　熱鍋下入食用油，加入紫洋蔥、紅蘿蔔炒香，再加入排骨、蒜頭
炒 30 秒。

8　加入番茄、濃縮番茄膏、醬油、酒略炒勻，再加水、砂糖煮滾，
上蓋轉中火燉煮 30 分鐘。

9　開蓋加入奶油拌勻即完成。

10　盛便當時，先盛入薑黃飯，再依序放入主菜與配菜即可。

**Jacko
小叮嚀**　氣炸鍋的溫度與時間可自行調整。如果家裡沒有氣炸鍋，馬鈴薯也可以用平底
鍋或炒鍋代替，以半煎炸的方式炸熟。

魚香肉絲 便當

Shredded Pork with Garlic Sauce Bento

記得小時候，第一次媽媽做魚香肉絲，我嘟著嘴抱怨不想吃到魚刺，
媽媽神秘地向我保證絕對不會有魚骨頭。長大後才知道魚香肉絲根本沒有魚！
今天就為孩子準備這道沒有魚鮮卻超下飯的魚香肉絲便當吧！

主菜
Main Course
魚香肉絲

主食
Staple Food
紫米飯

豬里肌肉

紫米飯

☐ **主食**　紫米飯 1 碗

☐ **主菜**　A 豬里肌肉 100g、薑 1 小塊、蒜頭 2 瓣、紅蘿蔔 50g、青椒 30g、
　　　　　　黑木耳 25g、青蔥 1 支、雞蛋 1 個
　　　　　B 鹽 1/2 小匙、米酒 1 大匙、玉米粉 1 大匙、香油 1 大匙
　　　　　C 番茄醬 1 大匙、烏醋 1 小匙、醬油 1 大匙、米酒 1 大匙、砂糖 2 小匙、
　　　　　　鹽 1/2 小匙、白胡椒粉少許、玉米粉 2 小匙、水 3 大匙

Practice

豬里肌肉切絲；
薑、蒜頭切碎；紅
蘿蔔、青椒切絲；
黑木耳切半；蔥切
成蔥花。

豬里肌肉洗淨瀝乾
水分後，加入主菜
B的所有材料抓醃
備用。

將主菜C的所有材
料拌勻備用即為
【醬汁】。

熱鍋，倒入食用
油，將打散的雞蛋
炒熟，再加入肉
絲，炒至變色後取
出。

同鍋，倒入少許
油，加入薑、蒜頭
炒香後，再加入紅
蘿蔔拌炒30秒。

最後倒入肉絲、炒蛋、青椒、黑木耳與
【醬汁】，煮至稍微收汁。

起鍋前，加入蔥花
拌勻，即可與白飯
一起盛入便當盒。

免油炸 糖醋里肌

Sweet and Sour Pork Tenderloin

豬里肌肉　白飯

主食
Staple Food
白飯

主菜
Main Course
糖醋里肌

酸酸甜甜的糖醋料理絕對是小朋友最愛的美味。如果又可以略過麻煩的油炸過程，我想糖醋料理會更受媽媽們的喜愛！今天星期一就幫孩子準備酸甜開胃的免油炸糖醋里肌吧！

Material

1 Serving 人份

☐ **主食**　白飯 1 碗

☐ **主菜**　A 豬里肌肉 100g、奇異果 1/2 顆、洋蔥 30g、玉米筍 2 根、
　　　　　黑木耳 25g、甜豆莢 3 個、小番茄 3 顆
　　　　B 烏醋 1/2 大匙、白胡椒粉 1 小匙、鹽 1/2 小匙、地瓜粉 1.5 大匙、
　　　　　香油 1 大匙
　　　　C 番茄醬 2 大匙、白醋 1 大匙、砂糖 1 大匙、水 2 大匙、玉米粉 2 小匙、
　　　　　醬油 1 小匙、香油 1 小匙、薑末 2 小匙

Practice

1　豬里肌肉用肉鎚拍薄切片，加入主菜 B 的所有材料抓醃備用。

2　將主菜 C 的所有材料混合均勻即為【糖醋醬】。

3　奇異果、洋蔥、玉米筍切丁；黑木耳切半。

4　熱鍋，倒入食用油，放入豬肉片煎至上色後取出。

5　同鍋，加入洋蔥、玉米筍、黑木耳、甜豆莢、小番茄炒 30 秒後，再倒入【糖醋醬】
　煮滾。

6　接著加入豬肉片、奇異果拌炒，煮至稍微收汁即可。

豬里肌肉　炒飯

香煎豬扒 花椰蛋炒飯

Pan-fried Pork & Egg Fried Rice

如果炸豬排是日本媽媽必會的家常菜，那煎豬扒肯定是台灣媽媽們的拿手菜，而且重點是簡單美味，孩子們也吃不膩！星期三幫孩子準備香噴噴的煎豬扒配上他們最愛的蛋炒飯。

主食 Staple Food
花椰蛋炒飯

主菜 Main Course
煎豬扒

Material

1 Serving 人份

☐ **主食**　A 綠花椰菜 3 朵、紫洋蔥 20g、杏鮑菇 30g、紅蔥頭 1 瓣、
雞蛋 1 個、白飯 1 碗、小番茄 3 顆
B 鹽 1 小匙、砂糖 1/2 小匙、番茄醬 1.5 大匙

☐ **主菜**　A 豬里肌肉 150g
B 魚露 1 大匙、水 3 大匙、蒜泥 1 小匙、黑胡椒粉 1 小匙、
玉米粉 1 大匙

Practice

1 豬里肌肉用肉錘拍過，加入主菜 B 的所有材料抓醃備用。

2 綠花椰菜切小朵；花椰菜梗、紫洋蔥切碎；杏鮑菇切丁。

3 熱鍋，倒入食用油，加入綠花椰菜梗、紫洋蔥、紅蔥頭炒香，再加入綠花椰菜、杏鮑菇拌炒 30 秒。

4 將所有食材推至鍋邊後，加入打散的蛋液炒散。

5 再放入白飯、主食 B 的材料與小番茄炒勻後，盛入便當盒。

6 同鍋加入少許油，將豬肉煎至稍微上色後，即可放在炒飯上。

麻油雞蛋 燒絲瓜粉絲

Sesame Oil Chicken with Egg, Bottle Gourd, and Vermicelli

最近天氣總是又冷又濕的，蔣夫人說想晚上吃酒香麻油雞腿。
那今天中午先用香噴噴的麻油，
幫孩子準備一份暖呼呼的麻油雞蛋燒絲瓜粉絲便當來暖暖身子吧！

豬里肌肉

紫米飯

主食
Staple Food
紫米飯

主菜
Main Course
麻油雞蛋燒
絲瓜粉絲

Material

☐ **主食** 紫米飯 1 碗

☐ **主菜** A 枸杞 1 小匙、粉絲 1 把、絲瓜 100g、青蔥 1 支、
豬里肌肉 100g、橄欖油 1 大匙、麻油 1 大匙、薑絲 5g、雞蛋 1 個、
雪白菇 50g

B 魚露 1 小匙、鹽 1/2 小匙、白胡椒粉適量、玉米粉 2 小匙、
香油 1 大匙、水 1 大匙

C 滾水 200cc、魚露 1 大匙、砂糖 1 小匙、鹽 1/2 小匙、白胡椒粉適量、
米酒 1 大匙

Practice

枸杞泡入米酒；粉絲泡水後剪短；絲瓜去籽後切斜塊；蔥白切成蔥珠，蔥綠切成蔥花。

豬里肌肉片加入主菜B的所有材料抓醃備用。

熱鍋，倒入橄欖油、1/2的麻油將薑絲炒香，再加入豬肉片快炒至變色，取出備用。

同鍋，倒入剩餘的麻油，將打散的雞蛋炒至略帶焦色。

再加入絲瓜、蔥珠、雪白菇炒約30秒。

加入滾水、魚露、砂糖、鹽、白胡椒粉，上蓋煮約2分鐘。

再加入豬肉片、粉絲、枸杞、米酒，續煮1分鐘至稍微收汁。

與紫米飯一起盛入便當盒，再撒上蔥花即可。

京醬肉絲 便當

Beijing Shredded Pork Bento

孩子最近麩質過敏控制的很好，
有時早餐吃個麵包和吐司也沒什麼問題。
今天就從無麩質料理降至低麩質料理吧！——來做一道京醬肉絲便當！

主菜
Main Course
京醬肉絲

主食
Staple Food
白飯

配菜
Side Dishes
小黃瓜絲 / 煎蛋絲

豬里肌肉

白飯

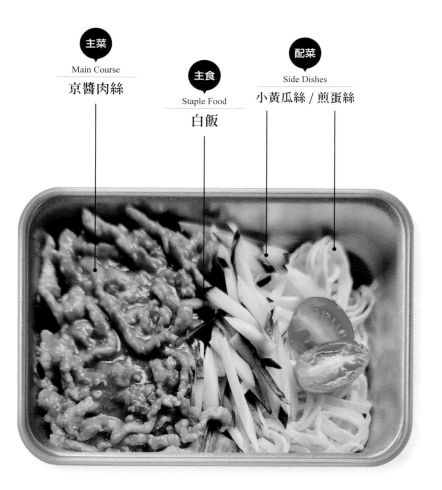

☐ **主食** 白飯 1 碗

☐ **主菜** A 豬里肌肉100g、蔥1根、蒜泥1小匙、薑泥1小匙、甜麵醬 1.5 大匙、
米酒 1 大匙、砂糖 1 小匙、水 200cc、太白粉水 1 大匙

B 醬油 1 大匙、蠔油 1/2 大匙、酒 1 大匙、水 1 大匙、砂糖 1 小匙、
玉米粉 1 大匙、香油 1 大匙

☐ **配菜** 雞蛋 1 個、小黃瓜 30g

● **切割食材
與備料**

1 豬里肌肉用刀背拍過後切成肉絲,加入食材 B 的所有材料抓醃備
用。

2 蔥白切碎;小黃瓜切成絲。

● **製作配菜**

3 熱鍋,將打散的蛋液煎成蛋皮,取出放涼後,捲起切成蛋絲備用。

● **製作主菜**

4 同鍋,加入食用油,將肉絲拌炒至變色後取出備用。

5 同鍋,將蔥白、蒜泥、薑泥炒香,加入甜麵醬、酒、砂糖、水煮
滾,再加入太白粉水勾芡。

6 接著倒入肉絲拌炒均勻即可。

● **組裝便當**

7 盛便當時,在白飯上依序鋪上蛋絲、小黃瓜絲、京醬肉絲即完成。

**Jacko
小叮嚀**

● 甜麵醬含有麵粉,請酌量使用。

● 醬油是豆麥混和釀造,含少量麩質。若對麩質過敏嚴重,可選購不含麩質的
醬油。

● 蠔油含醬油成分,會有少量麩質。

Gluten Free

南洋風味 豬肉咖哩

Nyonya-style Pork Curry

雖然大部分的孩子都愛吃咖哩飯，
不過日式咖哩塊卻不適合麩質過敏的孩子，單用咖哩粉又過於辛辣，
那就試試這一道口感滑順、帶著甜甜椰香的南洋風味咖哩便當吧！

豬里肌肉

白飯

主食
Staple Food
白飯

主菜
Main Course
豬肉咖哩

Material

☐ **主食** 白飯 1 碗

☐ **主菜** A 豬里肌肉片 100g、小馬鈴薯 1 個、紅蘿蔔 20g、紅蔥頭 1 瓣、
紫洋蔥 30g、小番茄 2 顆、薑片 10g、蒜泥 1 小匙、奶油 20g、
日式咖哩粉 2 小匙、玉米筍 1 根、水 300cc、牛奶 100cc、
椰漿 50cc、魚露 1 大匙、砂糖 2 小匙、九層塔葉 10g、
檸檬汁少許

B 鹽 1/2 小匙、黑胡椒粉 1/2 小匙、水 2 大匙、玉米粉 1 小匙

Practice

● **切割食材
與備料**

1 豬里肌肉片用刀背拍過後，加入主菜 B 的所有材料醃約 10 分鐘。

2 馬鈴薯切塊後，放進微波爐微波至軟。

3 紅蘿蔔切塊；紅蔥頭切碎；紫洋蔥切薄片；小番茄切半；玉米筍
切斜段。

● **製作主菜**

4 熱鍋，下入食用油，加入紅蔥頭、紫洋蔥、薑片、蒜泥炒香。

5 轉小火後，加入奶油、日式咖哩粉炒香。

6 接著加入馬鈴薯、紅蘿蔔、玉米筍、水，上蓋煮約 5 分鐘。

7 開蓋加入豬肉片、小番茄、牛奶、椰漿、魚露、砂糖煮至食材全
熟。

8 最後放入九層塔葉、少許檸檬汁稍微攪拌即完成【豬肉咖哩】。

● **組裝便當**

9 先將白飯裝在便當盒內，再將主菜鋪在飯上即可。

鹹粥 便當

Savory Porridge

豬里肌肉　粥

大兒子又有一顆乳牙搖搖晃晃的，眼看就要脫落了。五年級的男生卻還是不願意我們動手幫他拔除，像極了小時候也很怕疼的老爸……只能說父子一個樣，反而更能理解孩子的不安和恐懼。所以今天就幫孩子準備不太需要咀嚼的鹹粥吧！

1 Serving 人份

Material

☐ **材料** 豬里肌肉 80g、蝦米 1 小匙、蒜頭 2 瓣、紅蔥頭 1 瓣、
竹筍 30g、紅蘿蔔 15g、芹菜 1 ～ 2 根、豬油 1 大匙、鮮香菇 2 朵、
白米 1/2 杯、醬油 1 大匙、米酒 1 大匙、水 600cc、鹽 1 小匙、
紅蔥頭酥 1 大匙、小白菜 50g

☐ **醃料** 醬油 1/2 大匙、水 2 大匙、蒜泥 1 小匙、白胡椒粉 1 小匙、
玉米粉 2 小匙、香油 1 大匙

Practice

1 豬里肌肉切絲，加入【醃料】抓醃備用。
2 蝦米事先泡軟；蒜頭、紅蔥頭切碎；竹筍、紅蘿蔔切絲；芹菜切末。
3 熱鍋倒入豬油，將肉絲炒至變色後取出。
4 同鍋加入蝦米、蒜頭、紅蔥頭、竹筍、紅蘿蔔、香菇炒香。
5 接著加入白米、醬油、米酒略炒煮滾。
6 再倒入水再次煮滾。
7 加入肉絲，上蓋以中火煮至粥狀。
8 加入鹽、紅蔥頭酥、小白菜、芹菜即可。

豬肉絲　米苔目

香噴噴豬肉什蔬 炒米苔目

Stir-fried Pork with Rice Noodles

兒子昨晚忽然點餐說今天中午想吃米苔目，我心想好小子！現在懂得如何避免每天吃米飯，事先預定美食了。好！地方爸爸為愛接訂單，今天就來炒熱騰騰香噴噴的米苔目吧！

1 Serving 人份

Material

☐ **材料**　乾香菇 3 朵、蝦米 1/2 大匙、米酒 1 大匙、豬肉絲 80g、
玉米筍 2 根、蒜頭 2 瓣、紅蘿蔔 30g、黑木耳 20g、高麗菜 60g、蔥 1 根、
米苔目 150g、紅蔥頭 1 個、醬油 1.5 大匙、鹽 1 小匙、砂糖 1 小匙

☐ **醃料**　醬油 1 大匙、水 2 大匙、白胡椒粉 1 小匙、米酒 1 大匙、玉米粉 1 大匙、
香油 1 大匙

Practice

1　乾香菇泡水；蝦米泡入米酒；豬肉絲加入【醃料】（泡香菇水、米酒留用）。

2　泡好的香菇、玉米筍切片；蒜頭切碎；紅蘿蔔、黑木耳切絲；高麗菜剝小塊；蔥切段。

3　滾水加入米苔目煮至稍微發脹，取出瀝乾水分後，趁熱拌入少許醬油（份量外）。

4　熱鍋倒入 3 大匙油，將紅蔥頭炒成紅蔥頭酥，再連同熱油一起取出（鍋中留少許蔥油）。

5　同鍋加入豬肉絲、香菇、蝦米、玉米筍、蒜頭、紅蘿蔔、黑木耳、高麗菜、蔥白炒香。

6　接著加入泡香菇水、醬油、鹽、砂糖、米酒煮滾。

7　再加入米苔目拌炒至稍微收汁後，加入蔥綠、紅蔥頭酥、蔥油拌勻即可盛入便當盒。

蓮藕肉餅 ▶ 燉娃娃菜

Lotus Root Pork Patties

兒子在幼兒園時，曾經跟著全班同學一起穿著青蛙裝下蓮藕田拔蓮藕。

半天的功夫，全部的小朋友都成了滿頭滿身泥濘的「泥農夫」，

讓他至今都對蓮藕印象深刻。

秋意濃，今天給孩子煮好吃的蓮藕肉餅燉娃娃菜吧！

豬絞肉

白飯

Material

1 Serving 人份

☐ **主食**　白飯 1 碗

☐ **主菜**　A 豬絞肉 100g、洋蔥碎 20g、紅蘿蔔碎 10g、薑末 1 小匙、
　　　　　　白胡椒粉 1 小匙、魚露 1 大匙、玉米粉 1 大匙、
　　　　　　香油 1 大匙
　　　　　B 蓮藕 100g

☐ **配菜**　A 紅蘿蔔 15g、精靈菇 3 支、娃娃菜 1 支、乾香菇 3 朵、
　　　　　　蝦米 1 小匙、水 300cc、玉米筍 2 根、甜豆莢 3 支、
　　　　　　太白粉水 1 大匙
　　　　　B 米酒 1 大匙、蠔油 1 大匙、鹽 1 小匙、白胡椒粉少許

Practice

● **切割食材與備料**

蓮藕切約1公分厚
片；紅蘿蔔切片；
精靈菇切段；娃娃
菜剖半；乾香菇事
先泡水；蝦米泡米
酒（泡香菇水、米
酒留用）。

● **製作主菜**

將主菜A的所有材
料拌勻即為【肉
餡】。

配菜
Side Dishe
娃娃菜燉煮什蔬

主食
Staple Food
白飯

主菜
Main Course
蓮藕肉餅

3 將肉餡一個一個整型好。

4 將肉餡壓入蓮藕的孔洞中，再裹滿其中的一面。

5 熱鍋，加入食用油，放入蓮藕肉餅，將肉面煎至上色。

● **製作配菜**

6 接著加入蝦米、香菇、紅蘿蔔片、精靈菇炒香，加水上蓋燜煮10分鐘。

7 開蓋再加入娃娃菜、玉米筍、甜豆莢煮滾。

8 加入配菜B的所有材料，上蓋燜煮約1分鐘。

● **組裝便當**

9 將白飯及煮好的食材盛入便當盒即可。

Jacko
小叮嚀

蠔油含醬油成分，會有少量麩質。

豬絞肉　拌飯

雪菜肉末 拌飯

Salted Mustard Greens Pork Rice

的雪菜肉末拌飯便當給孩子吧！

出門前就準備這放涼了也很好吃

今天中午，因為要去台北錄音，

絲在口中的鹹香美味彷如昨日。

頤。現在我也當爸爸了，雪菜肉

每人點一碗雪菜肉絲麵大快朵

來，總會帶著我和弟弟上餐館，

小時候，每次父親從國外出差回

---

1 Serving
人份

□ **材料** 雪菜 50g、乾香菇 2 朵、蒜頭 1 瓣、青江菜 2 束、豆皮 30g、
　　　　 小番茄 3 顆、雞蛋 1 個、豬絞肉 50g、蝦米 1 小匙、精靈菇 30g、
　　　　 白飯 1 碗

□ **調味料** 米酒 1 大匙、水 200cc、鹽 1/2 小匙、砂糖 1 小匙

Practice

1 雪菜洗淨後，擠乾水分，切除老葉再切碎。

2 乾香菇用冷水泡軟後，擠乾水分切片；蒜頭、青江菜、豆皮切丁；小番茄切成四等份。

3 熱鍋加入食用油，將打散的蛋液煎成蛋片後取出。

4 同鍋，加入豬絞肉、蒜頭炒香，再加入香菇、蝦米炒約 30 秒。

5 接著加入雪菜炒 30 秒，再加入青江菜、小番茄、精靈菇、豆皮與所有調味料炒至
　稍微收汁。

6 最後將所有食材取出，和白飯拌勻即可盛入便當盒。

Gluten
Free

海苔肉餅 冷便當

Nori Pork Patties Cold Bento

中午台北有工作，
早上將豬絞肉拌入香菇丁和蔥薑水、紅蘿蔔碎一起捏成肉餅放上海苔煎香。
燙過放涼的蘆筍和鮪魚玉米拌一拌，南瓜帶皮和糖水及檸檬片一起煮鬆。
海苔香鬆米飯和小黃瓜片捏成飯糰，簡單好吃的便當就完成了。

主菜

Main Course

海苔肉餅

配菜

Side Dishes

蘆筍玉米鮪魚 / 糖煮南瓜

主食

Staple Food

白飯

豬絞肉

白飯

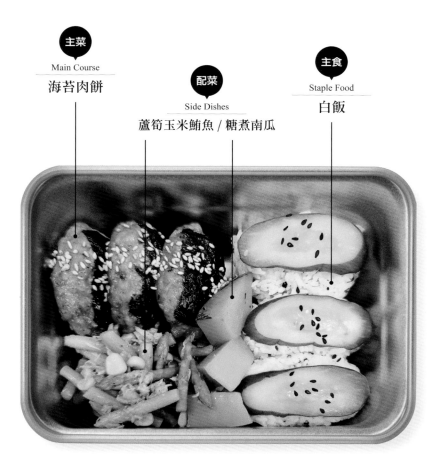

1 Serving
人份

☐ **主食** 白飯 1 碗

☐ **主菜** A 鮮香菇 1 朵、紅蘿蔔 15g、豬絞肉 100g、玉米粉 1 小匙、
韓式海苔 2 片、海苔香鬆 1 大匙、小黃瓜片 3 片、黑芝麻 1 小匙
B 薑絲 10g、蔥 1/2 根、水 50cc

☐ **配菜** A 蘆筍 2 根、玉米鮪魚罐頭 1 大匙
B 南瓜塊 50g、砂糖 1 小匙、新鮮檸檬汁（或白醋）1 小匙

● **製作配菜**
　1 蘆筍燙熟後，加入玉米鮪魚罐頭拌勻即為【蘆筍玉米鮪魚】。
　2 鍋中加水蓋過南瓜塊，加入砂糖、檸檬汁煮熟即為【糖煮南瓜】。

● **製作主菜**
　3 香菇切丁；紅蘿蔔切碎。
　4 將主菜 B 的材料用手抓捏出汁即為【蔥薑水】。
　5 豬絞肉拌入香菇、紅蘿蔔、【蔥薑水】、玉米粉拌勻，捏成肉餅
　　後放上海苔。
　6 鍋中放入肉餅煎香後取出。
　7 白飯拌入海苔香鬆。
　8 捏成飯糰後放上小黃瓜、黑芝麻即可。
　9 盛便當時放入捏好的飯糰、【蘆筍玉米鮪魚】、【糖煮南瓜】。

Jacko
小叮嚀

● 韓式海苔要記得選用不含醬油成分的口味。
● 海苔香鬆有時含醬油粉，會有少量麩質。

糖醋肉丸 便當

Sweet and Sour Meatballs Bento

中午孩子的便當菜利用昨天的食材再變化一下。
肉餅肉餡做成糖醋肉丸，蘆筍加蛋汁和起司粉煎成蛋片，
南瓜蒸熟拌入少許花生醬用叉子壓泥，再用保鮮膜塑型。
最後搭配一顆葡萄及麻油蘿蔔絲就收工啦！

配菜

Side Dishes

南瓜泥 / 麻油蘿蔔絲 / 蘆筍煎蛋

主食

Staple Food

海苔紫米飯

主菜

Main Course

糖醋肉丸

豬絞肉

紫米飯

Material

1 Serving
人份

☐ **主食** 紫米飯 1 碗、海苔 1 片

☐ **主菜** A 豬絞肉 100g、白芝麻少許
B 醬油 1/2 大匙、鹽 1/2 小匙、薑泥 1 小匙、蒜泥 1 小匙、
白胡椒粉 1/2 小匙、水 3 大匙、玉米粉 1/2 大匙、香油 1/2 大匙
C 水 80cc、烏醋 2 大匙、砂糖 1.5 大匙、醬油 1 大匙、酒 1 大匙

☐ **配菜** A 雞蛋 1 個、帕瑪森起司粉 1 大匙、蘆筍 5 根
B 南瓜 50g、花生醬 1/2 大匙
C 紅蘿蔔絲 20g、鹽 1/2 小匙、砂糖 1/2 小匙、香油 1 小匙
D 葡萄 1 顆（也可用小番茄或其他水果代替）

Practice

**製作
配菜 B**
1 南瓜去皮切塊，蒸熟後，拌入花生醬，用叉子壓成泥，再用保鮮
膜塑型即為【南瓜泥】。

**製作
配菜 C**
2 蘿蔔絲加鹽拌勻，醃約 3 分鐘，加入適量的飲用水（份量外）快
速拌洗後，擠乾水分。
3 接著加入砂糖、香油拌勻即為【麻油蘿蔔絲】。

**製作
配菜 A**
4 雞蛋打散加入起司粉拌勻。
5 熱鍋加入油，加入蘆筍稍微拌炒後，淋入蛋液至覆蓋蘆筍表面。
6 以小火將蘆筍蛋煎熟，取出切片即可。

製作主菜
7 將主菜 B 的所有材料拌勻即為【醃料】；主菜 C 的所有材料拌
勻即為即為【醬汁】。
8 豬絞肉加入【醃料】攪拌均勻後，捏成小肉球。
9 熱鍋加入油，將小肉球煎至上色，再加入【醬汁】煮滾。
10 蓋上蓋，以小火燜煮後開蓋收汁，再撒上白芝麻即完成。

組裝便當
11 紫米飯盛入便當盒後，海苔剪小片撒在飯上，再將所有準備好
的主菜、配菜依序放入即可。

Jacko
小叮嚀
**烏醋的基礎是多穀類釀造的醋，通常含有小麥，如果很在意麩質含量，請省略
不加。**

獅子頭 燉白菜

Braised Meatballs with Vegetables

小時候，記得媽媽說吃了獅子頭就會有森林之王的力量和勇氣！
雖然孩子的便當無法復刻當年媽媽做的大獅子頭，不過，就算是小獅子頭，
一樣充滿了我對孩子的愛與期待。健康的壯大吧！我的小獅王。

豬絞肉

紫米飯

配菜
Side Dishe

燙青江菜 / 蔥燒豆腐

主菜
Main Course

獅子頭
燉白菜

主食
Staple Food

紫米飯

Material

☐ **主食** 紫米飯 1 碗

☐ **主菜** **A** 豬絞肉 300g、乾香菇 6 朵、冷水 300cc、紅蘿蔔 50g、
馬鈴薯 50g、粉絲 1 把、蝦米 1 大匙、白菜 300g、醬油 1.5 大匙、
蠔油 1 大匙、米酒 1 大匙、水 500cc、白胡椒粉 1/2 小匙
B 薑末 1 大匙、蒜末 1 大匙、蔥白末 1 大匙、雞蛋 1 個、鹽 1 小匙、
砂糖 1/2 小匙、醬油 1.5 大匙、白胡椒粉 1 小匙、玉米粉 1.5 大匙

☐ **配菜** **A** 豆腐 200g、青蔥 2 支、蒜碎 1 小匙、醬油 1 大匙、砂糖 1 小匙、
米酒 1 大匙、水 300cc
B 青江菜適量

Practice

● **製作配菜**

1 豆腐切片；蔥切段；醬油、砂糖、米酒、水拌勻成【醬汁】備用。

2 熱鍋加入油，將豆腐至兩面上色，加入蒜碎、蔥白段炒香。

3 加入拌勻的醬汁煮滾後，再加入蔥綠，上蓋燜煮約 2 分鐘，開蓋
煮至稍微收汁即為【蔥燒豆腐】。

4 備一熱水鍋，放入青江菜燙熟備用。

● **製作主菜**

5 將豬絞肉剁出黏性，加入主菜 B 的所有材料【醃料】拌勻，並放
入冰箱冷凍 20 分鐘。

6 乾香菇加入 300g 冷水泡軟，擠乾水分備用（泡香菇水留用）；
紅蘿蔔、馬鈴薯切滾刀塊；粉絲冷水泡軟，瀝乾剪短備用。

7 將豬絞肉取出捏成球狀，放入熱油鍋中炸成獅子頭。

8 熱鍋加入少許油，放入乾香菇、蝦米炒香後，再加入紅蘿蔔、馬
鈴薯、獅子頭、白菜、醬油、蠔油、米酒、泡香菇水、水後，上
蓋燉煮 40 分鐘。

9 再加入粉絲、白胡椒粉煮 2 分鐘即可盛入便當盒。

● **組裝便當**

10 盛便當時，先放入紫米飯，再依序將所有的主菜、配菜放入便
當盒即可。

珍珠丸子｜便當

Pearl Balls Bento

今年兒子寒假作文《爸爸的好滋味》，
他寫到第一名最愛吃的是爸爸煮的珍珠丸子。
無獨有偶，這也是我小時候最愛吃我爸煮的料理。沒想到美食喜好也會遺傳！
今天孩子第一天上課，就準備這連繫兩代父子情的珍珠丸子吧！

豬絞肉

糯米

配菜
Side Dishes
水煮綠花椰菜 / 水煮玉米筍

主食
Staple Food
珍珠丸子

Material

☐ **主食** A 長糯米 1.5 杯、蝦米 1 大匙、米酒 1 大匙、
紅蘿蔔 50g、薑 20g、青蔥 3 支、豬絞肉 200g、鹽 2 小匙、
白胡椒粉 2 小匙、玉米粉 1 大匙、雞蛋 1 個
B 薑 1 小塊、蔥 1 根、水 100cc

☐ **配菜** 綠花椰菜 3 朵、玉米筍 2 根、橄欖油少許、海苔香鬆 1 大匙

Practice

● **製作配菜**
1 綠花椰菜、玉米筍事先燙熟煮好。
2 拌入橄欖油、海苔香鬆，即完成兩樣配菜。

● **製作主食**
3 備一碗，放入主菜 B 的材料，並用手抓捏出汁，即為【蔥薑水】。
4 長糯米洗淨，泡水 15 分鐘後，瀝乾水分備用。
5 蝦米用米酒泡軟，擠乾略切碎備用，米酒留用。
6 紅蘿蔔、薑、蔥分別切碎。
7 將豬絞肉放入鋼盆中，加入紅蘿蔔、薑、蔥、蝦米、鹽、白胡椒粉、玉米粉、米酒、雞蛋、與步驟 3 的蔥薑水，拌勻後，放入冰箱冷凍 20 分鐘即為肉餡。
8 將瀝乾的長糯米鋪在盤子上。肉餡捏成球狀，放在糯米上滾動直至沾滿米粒後，放入蒸鍋蒸 20 ～ 25 分鐘即完成【珍珠丸子】。

● **組裝便當**
9 依序將主菜與配菜的綠花椰菜、玉米筍放入便當盒即可。

Jacko
小叮嚀

海苔香鬆有時含醬油粉，會有少量麩質。

番茄雞蛋｜滷麵

Noodles with Tomato and Egg

「打滷」是將配料料理過後，再煮成一鍋然後勾芡成「滷汁」淋在熟麵上食用。

天氣越來越熱，今天使用無麩質麵條幫孩子煮一道酸香開胃的番茄雞蛋滷麵。

當然，如果你偏愛米食，這「滷汁」也可淋在白飯上變成燴飯吃呢！

豬絞肉

白米

主菜

Main Course

豆豉肉末

配菜

Side Dishe

番茄炒蛋

主食

Staple Food

白米麵

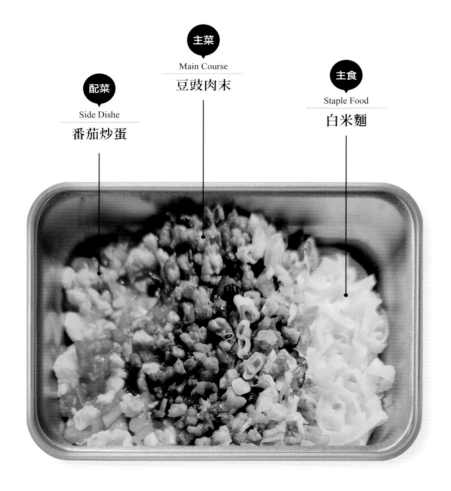

◯ Material | **1** Serving 人份

- ☐ **主食**　白米麵條 100g
- ☐ **主菜**　蒜頭 2 瓣、乾香菇 2 朵、豬絞肉 80g、豆豉 1 小匙、米酒 1 大匙，
  白胡椒粉 1/2 小匙
- ☐ **配菜**　番茄80g、蔥 1 根、雞蛋 1 個、番茄醬 1 大匙、醬油 2 小匙、砂糖 1 小匙、
  白胡椒粉 1/2 小匙、太白粉水 1 大匙、香油 1 小匙

◯ Practice

● **切割食材
與備料**

1　蒜頭切碎；乾香菇泡水，擠乾後切丁（泡香菇水留用）；番茄去
皮後切碎；蔥白切珠、蔥綠切花。

2　熱鍋，下入食用油，加入打散的蛋液炒碎後取出。

● **製作主菜**

3　同鍋，加入蒜頭、豬絞肉、香菇、豆豉、米酒，胡椒粉拌炒均勻
至熟盛出，即完成【豆豉肉末】。

● **製作配菜
並
組裝便當**

4　同鍋，再下入少許油，加入 2/3 的番茄、蔥白炒至軟化出汁。

5　再加入剩餘的番茄、雞蛋、番茄醬、醬油、砂糖、胡椒粉、泡香
菇水 200cc，拌煮約 2 分鐘。

6　起鍋前，倒入太白粉水勾芡，再淋上香油。

7　最後淋在煮熟的白米麵條上，再放上步驟 3 的豆豉肉末與蔥綠即
可。

● **Jacko
小叮嚀**

● 白米麵條可以選擇不含小麥粉的品牌。

● 黃豆豉可能混到小麥，用黑豆豉比較安全。

● 醬油是豆麥混和釀造，含少量麩質。若對麩質過敏嚴重，可選購不含麩質的
醬油。

台式打拋肉｜便當

Taiwanese-style Thai Basil Pork Bento

豬絞肉、小番茄搭配九層塔～你會想到什麼料理？
沒錯，答案就是打拋豬！今天就幫孩子做一道台式打拋肉便當！
因為口味有點重，記得盛便當時再煎個荷包蛋、搭配幾片小黃瓜解膩喔！

主菜
Main Course
打拋肉

配菜
Side Dishes
荷包蛋 / 小黃瓜片

主食
Staple Food
紫米白飯

豬絞肉

白飯

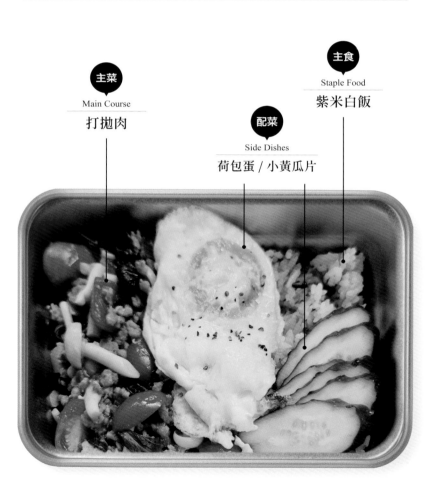

Material

☐ **主食**　　紫米白飯 1 碗

☐ **主菜**　　洋蔥 30g、紅蔥頭 1 瓣、蒜頭 2 瓣、小番茄 4 顆、豬絞肉 100g、雪白
菇 30g、蠔油 1 小匙、醬油 1 小匙、魚露 1 小匙、砂糖 1.5 小匙、水
50cc、檸檬汁 1 小匙、九層塔 20g、太白粉水 1 大匙

☐ **配菜**　　小黃瓜 30g、雞蛋 1 個

Practice

● **切割食材**　| 1 洋蔥切丁；紅蔥頭、蒜頭切碎；小番茄切成四份；小黃瓜切片

● **製作配菜**　| 2 熱鍋，放入食用油，放入雞蛋，以小火煎至蛋白凝固即可盛出。

● **製作主菜**
3 同鍋，加點食用油，放入豬絞肉稍微壓平，煎至略帶焦色後，翻
炒至水分收乾。
4 接著加入洋蔥、紅蔥頭、蒜末拌炒約 30 秒。
5 再加入雪白菇、蠔油、醬油、魚露、砂糖、水、檸檬汁翻炒約 1
分鐘後，加入小番茄稍微拌炒。
6 起鍋前加入九層塔炒勻，再加入太白粉水勾芡即完成【打拋肉】。

● **組裝便當**　| 7 盛便當時，先裝入紫米白飯，再放入主菜，接著再加入小黃瓜、
荷包蛋即可。

Jacko
小叮嚀

● 蠔油含醬油成分，會有少量麩質。
● 醬油是豆麥混和釀造，含少量麩質。若對麩質過敏嚴重，可選購不含麩質的
醬油。

白玉干貝 碎肉粥

Scallop and Pork Congee

豬絞肉　粥

今天本想做一道孩子最愛的醬燒雞翅，沒想到上學前，他說喉嚨不太舒服，可能吃不太下。於是臨時改煮一鍋營養的白玉干貝碎肉粥。

白米洗淨泡泡30分鐘，豬絞肉抓醃備用。

熱鍋下少許油，將泡軟與瀝乾的白米與食材炒香後，倒入適量熱水大火煮滾，上蓋轉中火將米粒煮開煮軟。開蓋加入絞肉、鹽、紅蔥頭酥拌煮至肉全熟，再加入黑葉小白菜段略拌煮即完成了。

Material 材料 | 1 Serving 人份

☐ **材料**　白米 1/2 杯、干貝 20g、豬絞肉 80g、蒜頭 2 瓣、
紅蘿蔔 20g、白蘿蔔 80g、黑葉白菜 80g、鴻喜菇 50g、水 800cc、
鹽 1.5 小匙、紅蔥頭酥 1 大匙

☐ **醃料**　鹽 1/2 小匙、白胡椒粉 1/2 小匙、玉米粉 1 小匙、香油 1 小匙

Practice

1 將白米洗淨後，泡水 30 分鐘；干貝泡水至軟。
2 豬絞肉加入【醃料】抓醃備用。
3 蒜頭切碎；紅蘿蔔切絲；白蘿蔔切丁；黑葉白菜切段。
4 熱鍋下入食用油，放入干貝、蒜頭、紅蘿蔔炒香。
5 接著加入瀝乾的白米、白蘿蔔、鴻喜菇稍微拌炒。
6 倒入熱水，以大火煮滾後上蓋，轉中火，將米粒煮軟。
7 開蓋，加入豬絞肉、鹽、紅蔥頭酥拌煮至肉全熟。
8 最後加入黑葉白菜拌煮即可。

豬絞肉

焗烤起司肉醬 | 馬鈴薯

Baked Potato with Cheese and Meat Sauce

孩子翻著我美國高中畢業紀念冊好奇的問我，外國學生不吃米飯配菜，那他們吃什麼才會吃飽飽呢？我神秘的跟他說答案就在今天中午的便當裡！早上孩子很期待的提醒我，別忘了給他解答喔！今天不煮米飯，就讓孩子吃美食也長知識，嘗嘗外國小朋友愛吃的起司肉醬馬鈴薯！

Material

1 Serving 人份

☐ **材料** 綠花椰菜 3 朵、紫洋蔥 30g、番茄 80g、蒜頭 2 瓣、小番茄 2 顆、小馬鈴薯 3 個（約 200g）、豬絞肉 100g、起司絲 50g

☐ **調味料** 橄欖油 1 大匙、鹽 1/2 小匙、黑胡椒粉 1/2 小匙、濃縮番茄膏 1 大匙、醬油 1/2 大匙、水 600cc、砂糖 2 小匙、米酒 1 大匙、奶油 20g

Practice

1 綠花椰菜切小朵，放入熱水鍋中燙熟；紫洋蔥、番茄切丁；蒜頭切碎；小番茄切 4 塊。

2 馬鈴薯去皮切小塊，放入碗中加水蓋過，微波加熱 6 分鐘；取出瀝乾後，加入橄欖油、鹽，放入氣炸鍋，以 185℃炸 12 分鐘備用。

3 熱鍋，放入豬絞肉炒至變色後，加入紫洋蔥、蒜頭、黑胡椒粉炒香。

4 接著加入番茄、濃縮番茄膏、醬油、水、砂糖、酒煮滾，上蓋煮滾後，轉小火燉煮 20 分鐘。

5 開蓋後，肉醬加入奶油拌勻即可。

6 盛便當時，以氣炸馬鈴薯鋪底，搭配小番茄、綠花椰菜、肉醬、起司絲炙燒過即完成。

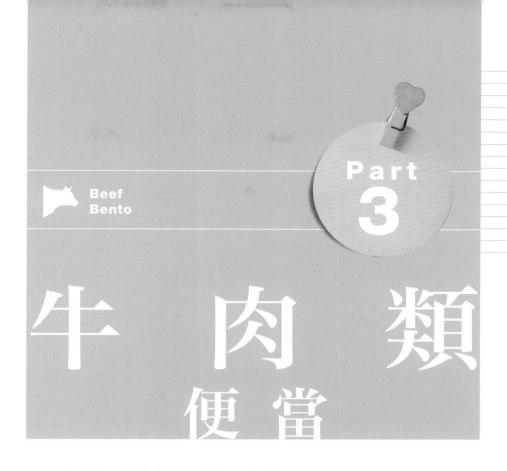

Beef
Bento

牛 肉 類
便 當

牛肉的口感較紮實，容易帶來長時間的飽腹感，適合各種場合食用，

透過多種烹調方式，如煎、炒、燉、滷等，並搭配各類調味料，

其風味和口感千變萬化，不管是青椒牛肉、紅酒燉牛肉或骰子牛炊飯，

都會讓人口水直流，是每天都會想念又想吃的好味道。

Jacko's gluten-free bento

Gluten
Free

牛肉番茄蛋 炒手撕杏鮑菇

Stir-fried Beef, Tomatoes, Eggs, and King Oyster Mushrooms

杏鮑菇不僅口感似肉，
它還富含植物性蛋白質和膳食纖維，小朋友也很愛。
今天就來做一道番茄雞蛋炒手撕杏鮑菇囉！

牛雪花肉

白飯

主菜
Main Course
牛肉番茄蛋
炒杏鮑菇

主食
Staple Food
白飯

Material

☐ **主食** 白飯 1 碗

☐ **主菜**
A 杏鮑菇 2～3 支、高麗菜 100g、蒜頭 2 瓣、小番茄 5 顆、洋蔥 1/3 個、
青蔥 2 支、玉米筍 2 根、雪花牛肉片 200g、雞蛋 1 個、
奶油 1 小塊

B 鹽 1 小匙、黑胡椒粒 1 小匙

C 米酒 1 大匙、醬油 1.5 大匙、烏醋 2 大匙、水 200cc、
玉米粉 2 小匙

Practice

杏鮑菇、高麗菜剝成小塊；蒜頭切碎；小番茄切半；洋蔥切絲；蔥切成蔥花；玉米筍切斜片。

牛肉片加入主菜 B 的材料抓醃備用。

將所有主菜 C 的材料混合均勻即是【調味料】。

熱鍋倒入食用油，將打散的蛋液炒嫩後取出。

同鍋，放入牛肉片煎至略帶焦色，再加入蒜頭、小番茄、洋蔥、玉米筍翻炒約30秒。

再加入杏鮑菇、高麗菜與【調味料】拌炒均勻，上蓋燜煮約30秒。

開蓋加入嫩蛋、奶油，以大火拌炒至食材全熟，最後撒上蔥花拌勻。

將白飯、炒好的食材盛入便當盒即可。

番茄嫩蛋｜雪花牛

Stir-fried Beef with Tomatoes and Eggs

牛雪花肉　　白飯

兒子最近愛上打籃球，雖說身高不輸人，但嫌瘦的身材在籃下搶球，搶籃板總是擠不過其他小朋友。今天來做一份高蛋白營養滿分的番茄嫩蛋雪花牛便當給孩子長長肉吧！

主食
Staple Food
藜麥白飯

主菜
Main Course
番茄嫩蛋
雪花牛

Material

1 Serving 人份

☐ **主食**　藜麥白飯 1 碗

☐ **主菜**　A 雪花牛肉片 100g、青蔥 1 支、雞蛋 1 個、洋蔥 50g、
　　　　　紅蘿蔔 20g、紅蔥頭 1 瓣、精靈菇 30g、小番茄 3 顆、綠花椰菜 2 朵、
　　　　　水 100cc、白芝麻 1 小匙
　　　　B 蒜泥 1 小匙、薑泥 1 小匙、醬油 1 大匙、清酒 1 大匙、味醂 1 大匙、
　　　　　砂糖 1 小匙、玉米粉 1 小匙、香油 1 大匙

Practice

---

1 牛肉片拌入主菜 B 的所有材料醃製備用。
2 蔥切成蔥花，加入雞蛋打散；洋蔥、紅蘿蔔切薄片。
3 熱鍋，倒入食用油，將蔥花蛋液炒至半熟取出備用。
4 同鍋加入少許油，加入洋蔥、紅蘿蔔、紅蔥頭炒香，再將食材推至一邊。
5 加入牛肉片鋪平，煎至其中一面略帶焦色。
6 接著加入精靈菇、小番茄，以大火翻炒約 1 分鐘。
7 再加入炒蛋、綠花椰菜、水，上蓋，以小火燜煮 1 分鐘。
8 最後開蓋，以大火翻炒均勻，撒上白芝麻，即可與白飯一起盛入便當盒。

牛雪花肉

白飯

雜菜 | 炒肉片

Stir-fried Meat with Vegetables

主食
Staple Food
白飯

主菜
Main Course
雜菜炒肉片

周末逛基隆廟口找停車位耗時甚久，大兒子餓得直說想吃香噴噴的「炒豬肉」。我原本以為孩子知道基隆有什麼厲害的隱藏版美食，一問之下，才知道他就想吃爸爸平時做的雜菜炒豬肉。OK！雖說今天家裡只有牛肉片，那就炒一盤香噴噴的雜菜肉片讓兒子大快朵頤吧！

Material

Serving
1 人份

☐ 　**主食**　白飯 1 碗

☐ 　**主菜**　A 蒜頭 2 瓣、鮮香菇 1 朵、紅蘿蔔 20g、青椒 20g、青蔥 1 支、
　　　　　　雞蛋 1 個、玉米筍 1 根、雪花牛肉片 100g、高麗菜 80g、
　　　　　　太白粉水 1 大匙
　　　　　B 醬油 1/2 大匙、蠔油 1/2 大匙、米酒 1 大匙、砂糖 1 小匙、
　　　　　　水 50cc、玉米粉 1 小匙

Practice

1　將主菜 B 的所有材料混合均勻即是【醬汁】。

2　蒜頭切碎；香菇、紅蘿蔔切片；青椒切絲；蔥切段，白色與綠色部分分開。

3　熱鍋，放入食用油，加入打散的蛋液煎成嫩蛋塊後取出。

4　同鍋再加入少許油，加入蒜頭、紅蘿蔔、青椒、蔥白、玉米筍炒約 30 秒。

5　加入牛肉片、香菇炒至牛肉略帶焦色。

6　最後加入高麗菜、雞蛋、蔥綠以及【醬汁】，以大火炒約 1 分鐘後，加入太白粉水勾芡，即可連白飯一起裝入便當盒。

青椒牛肉 海苔飯糰

Beef and Green Pepper Rice Balls

據說青椒在孩子最討厭的食材排行榜裡，每年都榜上有名。
小時候，我也是在爸爸的連哄帶騙下才慢慢地接受青椒的。
今天就把顧人怨的青椒套上忍者般的黑色勁裝，
幫孩子捏個青椒牛肉海苔飯糰吧！

牛雪花肉

海苔飯糰

Material

1 Serving 人份

☐ **主食** A 白飯 1 碗、糯米醋 2 小匙、糖 1/2 小匙、
鹽 1/4 小匙
B 紅蘿蔔 15g、青椒 50g、洋蔥 15g、雪花牛肉片 100g、
蒜泥 1 大匙、白芝麻 1 大匙、壽司海苔 1 片
C 醬油 1 大匙、蠔油 2 小匙、米酒 1 大匙、砂糖 1 小匙、
玉米粉 1 大匙、水 3 大匙、韓式香油 1 小匙

☐ **配菜** A 馬鈴薯塊適量、鹽少許、橄欖油適量
B 綠花椰菜適量、小番茄適量

Practice

● 切割食材與備料

綠花椰菜事先燙熟
煮好；紅蘿蔔、青
椒、洋蔥切絲。

將主食A的所有材
料拌勻即為【醋
飯】。

將主食C的所有材
料混合均勻即為
【醬汁】。

主食
Staple Food
青椒牛肉
海苔飯糰

配菜
Side Dishe
水煮綠花椰菜

配菜
Side Dishe
氣炸馬鈴薯

143

● 製作配菜 A　　　● 製作主食與組裝便當

4 馬鈴薯塊加水蓋過，加入少許鹽微波6分鐘，取出瀝乾淋上橄欖油，再放入氣炸鍋以185℃烤12分鐘即完成【氣炸馬鈴薯】。

5 熱鍋，倒入食用油，加入紅蘿蔔、青椒、洋蔥炒香。

6 再加入牛肉片、蒜泥，炒至肉片略帶焦痕。

7 淋入步驟3的【醬汁】，以大火翻炒至稍微收汁，再撒上白芝麻取出。

8 取壽司海苔，斜角對折後切成兩張三角形海苔。

9 將醋飯鋪至海苔中間。

10 放上炒好的食材。

11 再鋪上一層醋飯，用手稍微塑形。

12 將海苔折起壓成飯糰狀，再補上一些炒好的食材。

13 放入便當盒，再放入綠花椰菜、小番茄、【氣炸馬鈴薯】即可。

Jacko 小叮嚀

壽司海苔請用原味不含醬油粉的品牌。

牛五花肉　炊飯

奶油玉米牛肉 炊飯

Creamy Corn Beef Rice

星期一傳統市場休市，早上我剛好也有工作要忙。今天就使用家裡的常備食材及玉米罐頭，來做一道省時省力的清冰箱料理——奶油玉米牛肉炊飯給孩子帶便當吧！

Material

1 Serving 人份

☐ **材料**　白米 1 杯、牛五花肉片 200g、洋蔥 50g、紅蘿蔔 20g、
番茄 1 個、青蔥 2 支、甜豆莢 20g、紅蔥頭 1 瓣、雪白菇 50g、
玉米粒 100g、鹽 1 小匙、奶油 20g

☐ **醃料**　蒜泥 2 小匙、薑泥 2 小匙、醬油 1.5 大匙、清酒 1 大匙、味醂 1 大匙、
砂糖 2 小匙、水 1 大匙、玉米粉 1 小匙、香油 1 大匙

Practice

1 白米洗淨瀝乾後放入電子鍋，加入七分滿米杯的水備用。

2 牛肉片加入【醃料】醃製備用；洋蔥、紅蘿蔔切絲；番茄切小塊；蔥切成蔥花；煮熟的甜豆莢切丁。

3 熱鍋，倒入食用油，加入洋蔥、紅蘿蔔、紅蔥頭炒香，接著將食材推至一邊。

4 將醃好的牛肉片下鍋推平，煎至其中一面略帶焦色。

5 放入番茄、雪白菇、玉米粒、鹽、奶油炒勻後，全部倒入電子鍋，開始煮飯。

6 煮完開蓋撒上蔥花、甜豆莢拌勻即可。

馬鈴薯燉肉 便當

Potato and Meat Stew

中午幫孩子燉了一鍋日式家常美食：馬鈴薯燉肉。

做法非常簡單，只要牛肉片加糖、清酒醃製後，

熱鍋下油將洋蔥、紅蘿蔔、馬鈴薯先炒香，再加入牛肉片、昆布柴魚高湯煮滾，

再加入蒟蒻絲、玉米、炙燒過的豆腐與調味料，上蓋續煮 45 分鐘就完成了。

據說這道料理日本媽媽都會做，所以桃園地方爸爸當然要為爸爸們爭口氣！

主菜
Main Course
馬鈴薯燉肉

主食
Staple Food
奶油薑黃飯

牛五花肉

薑黃飯

Material

Serving
1 人份

☐ **主食**　白米 1 杯、薑黃粉 1 大匙、奶油 20g、熱水 1 杯

☐ **主菜**　A 牛五花肉片 200g、豆腐 100g、蒟蒻絲 50g、洋蔥 50g、
　　　　　　 紅蘿蔔 50g、小馬鈴薯 2 個、玉米 1/2 根、醬油 2 大匙、
　　　　　　 味醂 2 大匙、清酒 2 大匙、砂糖 1 大匙
　　　　　　B 水 800cc、柴魚片 50g、昆布 10g
　　　　　　C 砂糖 1 小匙、清酒 1 大匙

Practice

● **製作主食**　1 白米洗淨瀝乾後放入電子鍋，加入薑黃粉、奶油、熱水拌勻，按
　　　　　　　　 下開關煮好即為【奶油薑黃飯】。

　　　　　　　　2 將 800cc 的水煮滾後，關火加入柴魚片、昆布泡 15 分鐘，濾出
　　　　　　　　 湯汁即為【昆布柴魚高湯】。

　　　　　　　　3 牛肉片加入主菜 C 的材料醃製備用。

　　　　　　　　4 豆腐事先用噴槍炙燒過；蒟蒻絲滾水煮 1 分鐘，取出用冷水沖洗
　　　　　　　　 瀝乾，去除異味。

● **製作主菜**　5 洋蔥切寬絲；紅蘿蔔、馬鈴薯切滾刀塊；玉米輪切再剖半。

　　　　　　　　6 熱鍋加入食用油，加入洋蔥、紅蘿蔔、馬鈴薯炒香。

　　　　　　　　7 接著加入牛肉片炒散，再加入【昆布柴魚高湯】煮滾，撈除浮沫。

　　　　　　　　8 再加入蒟蒻絲、玉米、豆腐、醬油、味醂、清酒、砂糖，上蓋以
　　　　　　　　 小火煮 45 分鐘即完成【馬鈴薯燉肉】。

● **組裝便當**　9 先將【奶油薑黃飯】放入便當盒，再放入【馬鈴薯燉肉】，並稍
　　　　　　　　 微調整菜色的擺放位置讓便當看起來更美味可口。

Jacko
小叮嚀　　醬油是豆麥混和釀造，含少量麩質。若對麩質過敏嚴重，可選購不含麩質的醬
　　　　　油。

Gluten Free

牛雞雙寶丼 ▶ 便當

Beef and Chicken Donburi Bento

記得大學時很愛吃吉野家，一周總會吃上兩、三次。

雙魚座天生的選擇障礙讓我總是無法決定要吃牛丼還是雞肉丼。

最後我都點牛雞套餐以免後悔只滿足了一種肉欲。

今天就為同樣有選擇障礙的雙子座孩子做一道牛雞雙寶丼便當吧！

牛五花肉

白飯

主食
Staple Food
白飯

配菜
Side Dishe
燴什蔬

主菜
Main Course
牛雞雙丼

☐ **主食**　白飯 1 碗

☐ **主菜**　A 牛五花肉片 150g、去骨雞腿排 1 塊、洋蔥 50g、清酒 1 大匙、
　　　　味醂 1 大匙、水 300cc、蒜泥 1 小匙、醬油 2 大匙
　　　　B 薑泥 1 小匙、砂糖 1 小匙、清酒 1 大匙
　　　　C 鹽 1/2 小匙、黑胡椒粉 1/2 小匙
　　　　D 醬油 1.5 大匙、味醂 1 大匙、清酒 1 大匙、砂糖 2 小匙、
　　　　薑泥 1 小匙、水 200cc

☐ **配菜**　白花椰菜 3 朵、綠花椰菜 3 朵、紅蘿蔔 15g、蒜泥 1 小匙、鹽 1/2 小匙、
　　　　糖 1/2 小匙、玉米粉水 1 大匙

Practice

● **製作配菜**　1 煮一小鍋水，加入鹽、糖，將蔬菜燙熟煮好，瀝乾取出後，使用
　　　　　煮菜水約 50cc，加玉米粉水勾薄芡，淋上蔬菜與蒜泥即完成配菜
　　　　　【燴什蔬】。

　　　　　2 牛肉片加入主菜 B 的材料醃製備用。

　　　　　3 雞腿排加入主菜 C 的材料醃製備用。

　　　　　4 主菜 D 的所有材料混合均勻即是【照燒醬】。

● **製作主菜**　5 將洋蔥切薄片，備一湯鍋放入少許油，再加入洋蔥稍微拌炒。

　　　　　6 加入清酒、味醂、水、牛肉片煮滾後，撈去浮沫，再加入蒜泥、
　　　　　醬油煮約 3 分鐘即可。

　　　　　7 另取一鍋，以乾鍋的方式，將雞腿排皮面煎至略帶焦色後取出。

　　　　　8 同鍋，加入【照燒醬】煮滾，再放入雞腿排煮至醬汁略稠、雞肉
　　　　　全熟即可切塊。

● **組裝便當**　9 盛便當時先放入白飯，再依序放入主菜與配菜即可。

Jacko
小叮嚀　組裝便當時，注意菜色的整理與擺放也是一門藝術，特別是綠色蔬菜常有畫龍
點睛的效果，若放在明顯的位置，更能引人食慾。

韓式雜菜 炒冬粉

Korean-style Stir-fried Glass Noodles

牛肉片

冬粉

不知何時開始，我也跟著大家一起瘋追韓劇。或許除了又帥又美的男女主角外，韓劇裡總是會有讓人食指大動的韓式美食吧！

今天十點就必須出門工作，早上送小孩上課後，就開始準備放涼超好吃的韓式雜菜炒冬粉便當給孩子。

<table>
<tr><td>□</td><td>**材料**</td><td>青蔥 1 支、鮮香菇 2 朵、甜椒 20g、紅蘿蔔 20g、紫洋蔥 30g、雞蛋 2 個、菠菜 200g、韓式冬粉 100g、鹽 1/2 小匙、牛肉片 150g、白芝麻 1 大匙</td></tr>
<tr><td>□</td><td>**醬汁**</td><td>醬油 3 大匙、韓式香油 2 大匙、砂糖 1 大匙、蒜泥 2 小匙、水 100cc</td></tr>
</table>

1 Serving 人份

Practice

1 將【醬汁】的所有材料拌勻備用。
2 蔥切段；香菇切片；甜椒、紅蘿蔔、紫洋蔥切絲。
3 將蛋黃、蛋白分別打散煎成蛋皮，放涼後，切成雙色蛋絲。
4 菠菜事先煮熟，泡入冰水降溫後擠乾水分，切段備用。
5 韓式冬粉煮約 6 分鐘，用冷水沖洗後瀝乾，拌入一半的【醬汁】備用。
6 熱鍋下入食用油，加入甜椒、紅蘿蔔、紫洋蔥炒香，撒上鹽稍微拌炒，取出備用。
7 同鍋，加入牛肉片、蔥、香菇炒香後，倒入剩餘的【醬汁】炒至收汁，取出放涼。
8 將韓式冬粉倒入鍋中稍微拌炒，最後加入所有食材及白芝麻拌勻即可。

牛排

炊飯

奶油蒜香骰子牛 炊飯

Creamy Garlic Diced Beef Rice

雖然美式賣場的牛排 CP 值很高，但在家煎牛排總會搞得油煙滿屋。今天把厚厚的翼板牛排切成骰子牛，為孩子做一道低油煙、香氣四溢的奶油蒜香骰子牛炊飯吧！

Material

1 Serving
人份

☐ **材料** 牛排 150g、蘆筍 30g、紅蘿蔔 20g、紫洋蔥 30g、西洋芹 20g、高麗菜 50g、小番茄 3 顆、青蔥 1 支、白米 1/2 杯、奶油 30g、橄欖油 1 大匙、玉米粒 30g、鴻喜菇 30g、水 150cc、鹽 1.5 小匙、黑胡椒粉 1/2 小匙

☐ **醃料** 鹽 1 小匙、黑胡椒粉 1/2 小匙

Practice

1 牛排切丁，撒上【醃料】抓醃；蘆筍、紅蘿蔔、紫洋蔥切丁；西洋芹切碎；高麗菜剝小塊；小番茄切小塊；蔥切成蔥花。

2 白米洗淨後，泡水 20 分鐘，瀝乾備用。

3 熱鍋，加入奶油，將牛肉煎至略帶焦痕。

4 加入蘆筍，炒至牛肉每面都變色後取出。

5 同鍋下入橄欖油，加入紅蘿蔔、紫洋蔥、西洋芹、玉米粒炒香，再加入白米炒約 30 秒。

6 接著加入高麗菜、鴻喜菇、水，以大火煮滾，上蓋轉小火煮 8 分鐘。

7 關火後燜 5 分鐘。

8 轉小火後開蓋，加入牛肉、小番茄、蔥花、鹽、黑胡椒粉拌炒均勻即可。

蘆筍牛肉 便當

Asparagus Beef Bento

年過半百，自己已經很少吃紅肉了，多數料理偏愛使用雞肉及海鮮。
不過正值成長的孩子，牛肉的豐富蛋白質與鐵質可不能少！
今天孩子有籃球賽，中午就料理牛肉和蘆筍讓他長高長壯長體力！

牛排

白飯

主食
Staple Food
藜麥白飯

主菜
Main Course
蘆筍牛肉

1 Serving
人份

Material

☐ **主食**　藜麥白飯 1 碗

☐ **主菜**　A 牛排 100g、蘆筍 3～4 根、蒜頭 2 瓣、小番茄 3 顆、
　　　　　杏鮑菇 100g、甜椒 20g、蒜苗 30g
　　　　　B 鹽 1/2 小匙、黑胡椒粉 1/2 小匙
　　　　　C 醬油 1/2 大匙、蠔油 1/2 大匙、砂糖 1 小匙、水 200cc、
　　　　　烏醋 1 小匙

Practice

1　牛排切塊，加入主菜 B 的材料抓醃備用。

2　將主菜 C 的所有材料拌勻即為【醬汁】。

3　蘆筍切斜段；蒜頭切丁；小番茄切半；杏鮑菇、甜椒切塊；蒜苗白切珠、蒜苗綠切
　細絲，白色與綠色部分分開。

4　熱鍋下入食用油，將牛肉煎至略帶焦痕後取出。

5　同鍋，加入蒜苗白、蒜頭爆香，再加入蘆筍、小番茄、杏鮑菇拌炒均勻。

6　接著加入牛肉、甜椒、拌勻的【醬汁】煮至收汁。

7　起鍋前，撒上蒜苗綠稍微翻炒即完成【蘆筍牛肉】，連同白飯一起裝入便當盒即可。

Jacko
小叮嚀

● 醬油是豆麥混和釀造，含少量麩質。若對麩質過敏嚴重，可選購不含麩質的
　醬油。
● 蠔油含醬油成分，會有少量麩質。
● 烏醋的基礎是多穀類釀造的醋，通常含有小麥，如果很在意麩質含量，請省
　略不加。

紅酒燉牛肉 便當

Beef Bourguignon Bento

自從搬到桃園後，就幾乎沒有聚餐喝酒的機會。
看著家裡還未開瓶的紅酒，既然不喝，拿來做料理也不浪費。
趁著今天暖陽，逛市場買了牛肋條，
給孩子來點高級感的紅酒燉牛肉便當！

配菜
Side Dishe
彩色歐姆蛋

主食
Staple Food
藜麥白飯

主菜
Main Course
紅酒燉牛肉

牛肋條

白飯

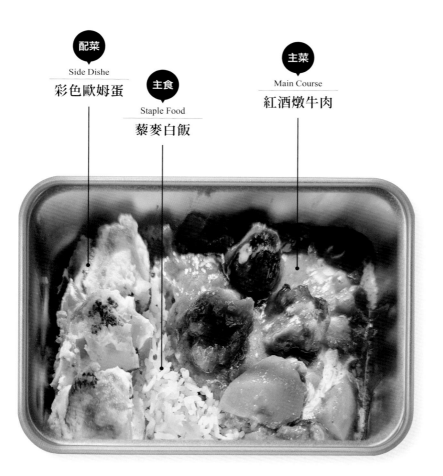

Material

- ☐ **主食**　藜麥白飯 1 碗

- ☐ **主菜**　**A** 洋蔥 50g、紅蘿蔔 30g、西洋芹 30g、蒜頭 2 瓣、小馬鈴薯 1 個、
　　　　　　牛肋條 250g、玉米粉 2 大匙、罐頭番茄泥 300g、
　　　　　　義大利綜合香料 1 小匙、鹽 1 小匙、砂糖 1 小匙、紅酒 100cc、
　　　　　　水 1000cc、奶油 20g
　　　　　　B 鹽 1 小匙、黑胡椒粉 1 小匙

- ☐ **配菜**　雞蛋 2 個、紫洋蔥 15g、綠花椰菜 2 朵、小番茄 2 顆、鹽 1 小匙、
　　　　　味醂 1 大匙

Practice

- ● **切割食材**
　　與備料
　　　1　洋蔥、紅蘿蔔、西洋芹、蒜頭切碎；馬鈴薯切塊。
　　　2　紫洋蔥、綠花椰菜、小番茄切小丁。

- ● **製作主菜**
　　　3　牛肋條切塊，加入主菜 B 材料稍微抓醃，再沾上玉米粉。
　　　4　熱鍋下入食用油，將牛肉煎至略帶焦痕後取出。
　　　5　同鍋加入洋蔥、紅蘿蔔、西洋芹、蒜頭，以中火炒約 3～5 分鐘。
　　　6　加入牛肉、番茄泥、義大利綜合香料、鹽、砂糖拌炒均勻。
　　　7　接著加入紅酒攪拌至酒精蒸發，再加入水，上蓋以小火煮約 1 小時。
　　　8　開蓋加入馬鈴薯、奶油續煮 30 分鐘取出。

- ● **製作配菜**
　　　9　將雞蛋、紫洋蔥、綠花椰菜、小番茄、鹽、味醂攪拌均勻。
　　　10　放入鍋中，以小火煎至略熟即成【歐姆蛋】。

- ● **組裝便當**
　　　11　依序將白飯、主菜與配菜盛入便當盒即可。

蘿蔔燉牛肉 便當

Braised Beef with Radish Bento

今天終於有了冬天的感覺，家裡的兩隻貓也開始窩在一起取暖。

早上陪孩子走路上學時，兒子也將脖子縮進衣領，

雙手插進口袋，身體貼著我前行。

看來中午就來為孩子準備暖呼呼的蘿蔔燉牛肉便當吧！

配菜
Side Dishe
清炒香菇
小白菜

主食
Staple Food
奶油薑黃飯

主菜
Main Course
蘿蔔燉牛肉

牛肋條

薑黃飯

Material

☐ **主食** 白米 1 杯、薑黃粉 1 大匙、奶油 20g、熱水 1 杯

☐ **主菜** 牛肋條 500g、鹽 1 小匙、玉米粉 1 大匙、白蘿蔔 200g、
紅蘿蔔 200g、洋蔥 100g、蒜頭 3 瓣、薑片 10g、番茄膏 1 大匙、
醬油 3 大匙、清酒 3 大匙、味醂 2 大匙、砂糖 1 大匙、水 1200cc

☐ **配菜** 蝦米 5g、米酒 1 大匙、小白菜 200g、鮮香菇 2 朵、小魚乾 5g、
薑絲 5g、水 50cc、鹽 1/2 小匙

Practice

● **製作主食** 1 白米洗淨瀝乾後放入電子鍋，加入薑黃粉、奶油、熱水拌勻，按
下開關煮好即為【奶油薑黃飯】。

2 蝦米用米酒泡軟擠乾，米酒留用；小白菜切段；鮮香菇切片。

● **製作配菜** 3 熱鍋加入油，炒香蝦米、小魚乾、薑絲；加入鮮香菇、小白菜、
米酒炒勻。

4 加水上蓋，燜煮 1 分鐘，開蓋炒勻，撒上鹽調味即為【清炒香菇
小白菜】。

5 牛肋條切塊，撒鹽後，沾上少許玉米粉。

6 白蘿蔔、紅蘿蔔切滾刀塊；洋蔥、蒜頭切碎。

7 熱鍋加入食用油，將牛肉煎至表面略帶焦痕。

8 同鍋加入洋蔥、薑片、蒜頭炒出香氣。

● **製作主菜** 9 加入番茄膏拌炒約 30 秒。

10 再加入醬油、清酒、味醂、砂糖、水，以大火煮滾，上蓋轉中
小火，燉煮 30 分鐘。

11 加入白蘿蔔、紅蘿蔔，上蓋續煮 30 分鐘，開蓋燒煮至稍微收汁
即可。

● **組裝便當** 12 盛便當時，依序將薑黃飯、主菜與配菜放入即可。

青椒牛肉 便當

Beef and Green Pepper Bento

今天幫孩子準備香氣四溢的青椒牛肉便當。
小時候，父親為了讓我吃營養的青椒，故意在我面前將青椒牛肉吃得津津有味。
長大後，我才知道用心良苦的父親最討厭吃青椒了！
現在我也是個希望孩子能吃營養青椒的爸爸。
唯一不同的是，我是個不僅愛吃也愛煮青椒牛肉的爸爸。

配菜
Side Dishe
紅蘿蔔炒蛋

主菜
Main Course
青椒牛肉

主食
Staple Food
紫米飯

配菜
Side Dishe
煎杏鮑菇

牛肉絲

紫米飯

☐ **主食**　紫米飯 1 碗

☐ **主菜**　A 蝦子 6 隻、豆腐 200g、紅蘿蔔 20g、黑木耳 30g、青蔥 2 支、
米血糕 20g、粉絲 1 把、牛絞肉 200g、豬絞肉 100g、薑片 5g、
蒜片 5g、市售酸白菜 300g、酸白菜汁 100g、米酒 1 大匙、
水 800 ～ 1000cc、玉米筍 4 根、鮮香菇 4 朵、娃娃菜 2 株、
鵪鶉蛋 4 個、牛五花肉片 100g、鹽 1/2 小匙、砂糖 1 小匙
　　　　B 薑絲 10g、蔥 1/2 根、水 50cc
　　　　C 蒜泥 1 小匙、薑末 1 大匙、鹽 1/2 小匙、砂糖 1/2 小匙、
米酒 1 大匙、醬油 1.5 大匙、白胡椒粉 1 小匙、玉米粉 2 大匙、
香油 1 大匙

Practice

**切割食材
與備料**

1　鮮蝦去殼、去腸泥；豆腐切丁；紅蘿蔔、黑木耳切片；蔥白切段；
蔥綠切成蔥花；米血糕切小塊。

2　粉絲用冷水泡軟，瀝乾剪短備用。

3　將主菜 B 的材料用手抓捏出汁與水混合後即是【蔥薑水】。

4　牛絞肉、豬絞肉放入調理盆，加入主菜 C 的醃料、【蔥薑水】拌
勻後，放入冰箱冷凍 20 分鐘。

製作主菜

5　待絞肉稍微定型後取出，捏成丸子狀，放入熱油鍋中，炸熟成肉
丸備用。

6　熱鍋加入油，加入蔥白、薑片、蒜片、紅蘿蔔片、黑木耳炒香後，
放入市售酸白菜、酸白菜汁、米酒、水煮滾。

7　接著依序放入豆腐、肉丸、玉米筍、香菇、娃娃菜、米血糕、鵪
鶉蛋、牛五花肉片、鹽、砂糖，以大火煮滾後，上蓋，轉小火煮
約 5 ～ 10 分鐘。

8　加入粉絲、蝦仁續煮至熟即可。

組裝便當

9　先將【紫米飯】鋪在便當盒中，再依自己喜好放上【酸白菜牛肉
粉絲煲】即可。

鬆餅漢堡肉塔可捲

Hamburger Meat Tacos

又到星期五了，一個星期過得飛快！早餐時用無麩質的米穀粉做鬆餅給孩子吃。
突發奇想，鬆餅當然也可以拿來當成墨西哥餅皮來使用啊！
今天幫孩子準備一道有趣的午餐，必須用手抓起來吃的鬆餅漢堡肉塔可捲。

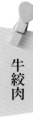

牛絞肉

塔可捲

配菜
Side Dishe
氣炸馬鈴薯

主食
Staple Food
鬆餅漢堡肉塔可捲

☐ **主食** 洋蔥 30g、番茄 20g、紫洋蔥 15g、牛絞肉 100g、
鹽 1 小匙、黑胡椒粉 1/2 小匙、水 100cc、番茄醬 1 大匙、砂糖 1 小匙、
無麩質鬆餅粉 40g、蛋液 20g、牛奶 20cc、奶油 10g、起司片 1 片、
生菜 20g、起司絲 15g

☐ **配菜** 小馬鈴薯 2 個、橄欖油 1 大匙、鹽 1/2 小匙

Practice

● **製作配菜**
　1 馬鈴薯去皮切小塊，放入碗中加水蓋過，微波加熱 6 分鐘。
　2 取出瀝乾後，加入橄欖油、鹽，放入氣炸鍋，以 185℃ 炸 12 分鐘即為【氣炸馬鈴薯】。

● **製作主食**
　3 洋蔥炒碎；番茄切丁；紫洋蔥切片。
　4 鍋中加入洋蔥，炒至略帶焦糖色後，取出放涼。
　5 牛絞肉加入鹽、黑胡椒粉、炒洋蔥攪拌均勻成漢堡肉。
　6 熱鍋，倒入食用油，加入牛肉餡後，壓成薄肉排狀，再煎至兩面上色即可取出。
　7 同鍋加入水、番茄醬、砂糖、連同煎肉留下的肉汁一起煮至略稠醬汁。
　8 接著將鬆餅粉、蛋液、牛奶、奶油拌勻成鬆餅糊。
　9 另取一鍋，倒入鬆餅糊煎成鬆餅。
　10 取出鋪上起司片、生菜、漢堡肉、番茄、紫洋蔥、醬汁、起司絲，用噴槍炙燒即完成【鬆餅漢堡肉塔可捲】。

● **組裝便當**
　11 盛便當時先放入【氣炸馬鈴薯】，再放進【鬆餅漢堡肉塔可捲】。

Jacko 小叮嚀　氣炸鍋的溫度與時間可自行調整。如果家裡沒有氣炸鍋，馬鈴薯也可以用平底鍋或炒鍋代替，以半煎炸的方式炸熟。

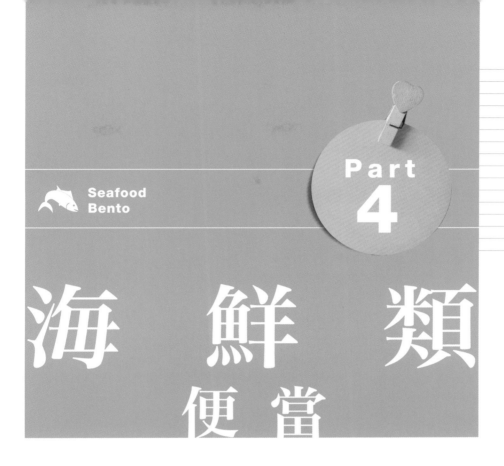

Seafood Bento

海 鮮 類
便 當

相比於紅肉或加工食品,海鮮類蛋白質較為細膩、更容易消化,更適合小朋友食用。

加上種類繁多,可以變化多樣的烹飪方式,

不管是炒飯、燉飯、炊飯、炒麵甚至焗烤、粥類或煎餅等,

都能讓便當變得豐富有趣,更容易胃口大開。

Jacko's gluten-free bento

紙包 鮭魚什蔬

Paper-wrapped Salmon

中午偷懶，拿出烘焙紙，薑黃米鋪底，放上各式時蔬、鮭魚，

抹上蒜味香草奶油，淋些橄欖油、清酒，然後撒上鹽、黑胡椒調味，

再將烘焙紙包起來，放入氣炸鍋，以 200℃烤 12 分鐘，再燜個 5 分鐘取出，

放入孩子的便當裡，再加一片香煎起司雞肉卷。

簡單輕鬆，午餐便當就收工啦！

鮭魚

薑黃飯

主菜

Main Course

紙包鮭魚什蔬

主食

Staple Food

奶油薑黃飯

Material

☐ **主食**　白米 1 杯、薑黃粉 1 大匙、奶油 20g、熱水 1 杯

☐ **主菜**　A 鮭魚 150g、煙燻肉腸 1 根、小番茄 2 顆、紫洋蔥 30g、
櫛瓜 30g、黃檸檬 10g、秋葵 1 根、黃甜椒 30g、豆芽菜 20g
B 奶油 1 條、蒜碎 2 大匙、義大利綜合香料 1 大匙、鹽 1/2 小匙
C 橄欖油 1 大匙、清酒 1 大匙、鹽 1 小匙、黑胡椒粉 1/2 小匙

Practice

白米洗淨瀝乾後放入電子鍋，加入薑黃粉、奶油、熱水拌勻，按下開關煮好即為【奶油薑黃飯】。

將主菜B軟化的無鹽奶油加入蒜碎、義大利綜合香料、鹽拌勻即為【蒜味香草奶油】。

鮭魚去皮；煙燻肉腸、小番茄切半；紫洋蔥、櫛瓜、黃檸檬、秋葵切片；黃甜椒切丁。

將薑黃飯、各式時蔬、鮭魚鋪在烘焙紙上。

抹上蒜味香草奶油，再放上黃檸檬片。

再加入主菜C的所有材料調味。

接著將烘焙紙包起來，放入氣炸鍋，以 200℃ 烤 12 分鐘。

最後在氣炸鍋中燜 5 分鐘取出，擠上黃檸檬汁（份量外）即可。

照燒鮭魚 青椒豆腐煲

Teriyaki Salmon, Bell Pepper, and Tofu Stew

昨天放學回家後，兒子特別提到番茄肉末豆腐煲便當非常好吃，
今天就換個醬汁食材，再做一次。
來幫孩子做一份照燒鮭魚青椒豆腐煲便當吧！

鮭魚

白飯

主食
Staple Food
藜麥白飯

主菜
Main Course
照燒鮭魚
青椒豆腐煲

Material

1 Serving
人份

☐ **主食**　藜麥白飯 1 碗

☐ **主菜**　A 鮭魚 100g、豆腐 100g、洋蔥 20g、番茄 30g、玉米筍 1 根、
鮮香菇 1 朵、青椒 20g、紅蔥頭 1 瓣、薑絲 10g、清酒 1 大匙、
味醂 1 大匙、醬油 1.5 大匙、砂糖 2 小匙、水 200cc、
白芝麻 1 小匙
B 鹽 1 小匙、黑胡椒粉 1/2 小匙

Practice

**切割食材
與備料**

1　鮭魚切成塊，加入主菜 B 的材料醃製備用。

2　豆腐切塊；洋蔥、番茄切丁；玉米筍、香菇、青椒切片；紅蔥頭
切碎。

**製作主菜
與
組裝便當**

3　熱鍋下入食用油，將豆腐各面煎至金黃後取出。

4　同鍋，將鮭魚煎至兩面略帶焦色後取出。

5　同鍋，依序加入洋蔥、玉米筍、紅蔥頭、薑絲，以大火炒約 1 分
鐘。

6　接著加入番茄、香菇稍微翻炒後，加入清酒、味醂、醬油、砂糖、
水煮滾。

7　再加入鮭魚塊、豆腐，上蓋，以中火煮 2 分鐘。

8　開蓋後加入青椒，以大火煮 1 分鐘，最後撒上白芝麻，即可與白
飯一起盛入便當盒。

**Jacko
小叮嚀**　醬油是豆麥混和釀造，含少量麩質。若對麩質過敏嚴重，可選購不含麩質的醬
油。

免捏 鮭魚飯糰

Salmon Rice Balls

鮭魚　飯糰

星期一爸爸偷懶，幫孩子準備了超簡單的免捏鮭魚飯糰便當。

整張海苔放在包鮮膜上，將拌過香鬆的醋飯置中略壓，再依序放上煎香的鮭魚、小黃瓜、起司片、煎蛋。接著將海苔四個對角對折，用包鮮膜縮緊定型。最後用刀切半即可。

主食
Staple Food
鮭魚飯糰

配菜
Main Course
小番茄

Material

1 Serving 人份

☐ **主食**　白飯 1 碗、砂糖 1/2 小匙、糯米醋 1 小匙、香鬆 1 大匙、
奶油 10g、雞蛋 1 個、鮭魚 100g、鹽 1/2 小匙、黑胡椒粒 1/2 小匙、
壽司海苔 2 片、小黃瓜 50g、起司片 1 片

☐ **配菜**　小番茄 3 顆

Practice

1　白飯加入砂糖、醋、香鬆拌勻成醋飯。
2　熱鍋加入奶油，將打散的雞蛋事先煎成厚蛋。
3　同鍋，放入鮭魚兩面煎熟後，撒上鹽、黑胡椒粒調味。
4　海苔放在保鮮膜上，將醋飯放在中間稍微壓平。
5　依序放上鮭魚、厚蛋、切好的小黃瓜、起司片。
6　接著將海苔四個角以對角線的方式折起，再用保鮮膜包緊定型。
7　最後用刀切半即可放入便當盒。

鮭魚　白飯

醬燒 鮭魚豆腐

Sauce-braised Salmon and Tofu

美式大賣場買一整塊去皮無刺鮭魚腓力，回家後立刻分切，再用保鮮膜包好冷凍備用，絕對是家中超級方便的營養食材。今天就用這退冰後一樣鮮美的鮭魚來做一道醬燒鮭魚豆腐便當吧！

主菜
Main Course
醬燒
鮭魚豆腐

主食
Staple Food
白飯

Material

1 Serving 人份

☐　**主食**　白飯 1 碗

☐　**主菜**　A 鮭魚 100g、雞蛋豆腐 100g、青蔥 1 支、紫洋蔥 30g、
　　　　　　　黑木耳 20g、小番茄 2 顆、青椒 20g、雪白菇 30g、薑末 1 小匙
　　　　　　B 鹽 1/2 小匙、黑胡椒粉 1/2 小匙、玉米粉 1 小匙
　　　　　　C 醬油 1/2 大匙、蠔油 1/2 大匙、糖 1 小匙、水 150cc

Practice

1　將主菜 C 的所有材料混合均勻即為【醬汁】。

2　鮭魚切塊，加入主菜 B 的材料抓醃備用。

3　雞蛋豆腐切片；蔥切段；紫洋蔥、黑木耳切片；小番茄切半；青椒切塊。

4　熱鍋下入食用油，將雞蛋豆腐煎至兩面金黃後取出。

5　同鍋，放入鮭魚，將兩面煎至略帶焦色。

6　加入蔥、紫洋蔥、黑木耳、青椒、雪白菇、薑末炒約 1 分鐘。

7　最後加入雞蛋豆腐、小番茄、【醬汁】煮滾，再稍微攪拌約 30 秒即可。

奶香鮭魚菠菜 燉飯

Creamy Salmon and Spinach Risotto

孩子喜歡趁中午送便當時，跟我分享學校裡發生的趣事。

有時是同學講的笑話，有時要我猜他跑步全班第幾名？

有時他也會好奇問我今天的便當菜色。

雖然只是短短的幾分鐘，卻已是我每天期待的父子時光。

今天就來幫兒子準備好吃又香噴噴的奶香鮭魚菠菜燉飯便當吧！

鮭魚

燉飯

Material

☐ **材料**　蘆筍 30g、紫洋蔥 30g、紅蘿蔔 30g、玉米筍 2 根、
甜椒 30g、鮭魚 100g、鴻喜菇 50g、白飯 1 碗、帕瑪森起司粉 1 大匙、
披薩起司 50g

☐ **調味料**　全脂牛奶 200cc、水 100cc、味噌 1 大匙、鹽 1/2 小匙

Practice

蘆筍事先燙熟切段；紫洋蔥、紅蘿蔔、玉米筍、甜椒切丁；鮭魚切塊後撒上鹽。

將【調味料】的材料混合均勻。

熱鍋倒入食用油，將鮭魚煎至表面略帶焦痕後取出。

同鍋，加入紫洋蔥、紅蘿蔔、鴻喜菇炒香，再加入玉米筍、甜椒稍微拌炒。

加入【調味料】煮至小滾。

接著加入白飯、帕瑪森起司粉拌勻

最後加入蘆筍、鮭魚稍微攪拌。

盛入便當盒後加入披薩起司，用噴槍炙燒至融化即可。

香濃起司鮭魚通心粉

Cheesy Salmon Macaroni

記得在美國讀國中時，我都很期待學校餐廳在周末準備的起士通心粉，
那鮮香濃郁的黃金起士是我國中的心頭好。
今天星期五就幫孩子來道香濃起司鮭魚通心粉吧！

主食

Staple Food

起司鮭魚
通心粉

配菜

Side Dishe

氣炸馬鈴薯片

鮭
魚

通
心
粉

Material

1 Serving
人份

☐ **主食**　鮭魚 150g、熱狗 1 根、洋蔥 15g、紅蘿蔔 15g、
西洋芹 15g、無麩質通心粉 100g、雪白菇 30g、綠花椰菜 2 朵、
鹽 1 小匙、黑胡椒粉 1/2 小匙、披薩起司 50g、鮮奶油 30g、
牛奶 100cc

☐ **配菜**　小馬鈴薯 2 個、橄欖油 1 大匙、鹽 1/2 小匙

Practice

● **製作配菜**
1 馬鈴薯去皮切小塊，放入碗中加水蓋過，微波加熱 6 分鐘。
2 取出瀝乾後，加入橄欖油、鹽，放入氣炸鍋，以 185℃炸 12 分鐘即為【氣炸馬鈴薯片】。

● **製作主食**
3 鮭魚、熱狗、洋蔥、紅蘿蔔、西洋芹切丁；通心粉煮熟後瀝乾水分。
4 熱鍋下入食用油，加入鮭魚、熱狗、洋蔥、紅蘿蔔、西洋芹、雪白菇、綠花椰菜炒香。
5 加入鹽、黑胡椒粉調味後取出。
6 將通心粉、披薩起司、鮮奶油、牛奶拌勻，再加入炒好的食材拌勻，即可盛入便當盒。

● **組裝便當**
7 盛便當時，先放入主菜的【起司鮭魚通心粉】，再放上【氣炸馬鈴薯片】。

Jacko
小叮嚀
● 如果家裡沒有氣炸鍋，馬鈴薯也可以用平底鍋或炒鍋代替，以半煎炸的方式炸熟。
● 熱狗建議確認是否含有小麥澱粉。

鮭魚麺條 ▶ 煎餅

Salmon Noodle Pancakes

鮭魚

麺條煎餅

有一天煮好白米麺條，取出瀝乾放入盤中。
後來接了通電話，再回頭要料理時，白米麺條竟然結成一團麺餅。
我將錯就錯，熱鍋下油將麺餅煎香，沒想到還不錯吃。
或許有些美食就是場意外而誕生。
今天中午前要趕到台北工作，
就用無麩質的白米麺條來做一道放涼了也好吃的鮭魚麺條煎餅吧！

主食

Staple Food

鮭魚
麺條煎餅

配菜

Side Dishe

胡麻醬拌
綠花椰菜

☐ **主食**　白米麵條 100g、紅蘿蔔 20g、洋蔥 20g、德式肉腸 1 根、
鮭魚 60g、蘑菇 20g、紅蔥頭 1 瓣、毛豆 10g、鹽 1 小匙、
黑胡椒粉 1/2 小匙、雞蛋 2 個、帕瑪森起司粉 2 大匙、
無麩質鬆餅粉 20g

☐ **配菜**　綠花椰菜 3 朵、市售胡麻醬適量、小番茄 2 顆

● **製作配菜**　　1　將燙熟瀝乾的綠花椰菜拌入市售胡麻醬即可。

● **切割食材
與備料**

　2　白米麵條煮熟後泡冰水，瀝乾放入調理盆，淋橄欖油（份量外）
　　　備用。

　3　紅蘿蔔、洋蔥切絲；德式肉腸、鮭魚切丁；蘑菇切片。

● **製作主食
與
組裝便當**

　4　熱鍋倒入食用油，加入紅蔥頭、紅蘿蔔、洋蔥、德式肉腸、鮭魚、
　　　蘑菇、毛豆、鹽、黑胡椒粉炒香。

　5　將炒過的食材全部放入麵條的調理盆。

　6　加入打散的蛋液、帕瑪森起司粉、鬆餅粉拌勻成麵條糊。

　7　熱鍋倒入食用油，倒入麵條糊後鋪平，煎至兩面酥脆、呈金黃色
　　　即可盛入便當盒。

　8　盛便當時，加入拌好的綠花椰菜、小番茄即完成。

Jacko
小叮嚀

● 白米麵條要選擇不含小麥粉的品牌。
● 德式肉腸請確認成分不含小麥澱粉。
● 切割食材與備料的步驟可依自己的習慣調整前後順序。

鮭魚什蔬 蛋炒飯

Salmon Fried Rice

鮭魚

炒飯

每次朋友請吃高檔鐵板燒，
最後總會有一道將米飯炒得粒粒分明，香氣迷人的鮭魚炒飯。
唯一美中不足的是食材只有鮭魚和飯。
今天來做一道香噴噴又料多多的鮭魚炒飯，讓孩子吃到各式各樣的營養吧！

Material

1 Serving
人份

☐ **材料**　綠花椰菜 3 朵、蘆筍 3 根、鮭魚菲力 100g、洋蔥 30g、
紅蘿蔔 30g、小黃瓜 50g、高麗菜 100g、奶油 15g、雞蛋 1 個、
橄欖油少許、鴻喜菇 50g、薑末 5g、奶油薑黃飯 1 碗（做法請參考 P.168
「紙包鮭魚什蔬」）、玉米粒 30g

☐ **調味料**　鹽適量、黑胡椒粉適量

Practice

綠花椰菜切小朵後
燙熟；蘆筍切斜段
後燙熟；鮭魚切
丁，撒上少許鹽
（份量外）；洋蔥
切碎；紅蘿蔔、小
黃瓜切丁；高麗菜
切片備用。

熱鍋加入奶油融化
後，加入打散的蛋
液炒嫩，取出備
用。

同鍋加入少許橄欖
油，將鮭魚煎至表
面略帶焦痕，推至
一邊。

加入洋蔥、紅蘿
蔔、鴻喜菇、薑末
炒約30秒。

再加入高麗菜、小
黃瓜，以大火翻炒
30秒。

加入薑黃飯、嫩蛋、蘆筍、玉米粒、綠
花椰菜拌炒均勻，最後加入鹽、黑胡椒
粉調味。

盛入便當盒即可。

金線魚 便當

Golden Threads Bento

傳統早市的魚販說這「金線魚」來自澎湖，
肉質鮮嫩細緻，是少見又無細刺的美味海魚！
今天就讓孩子當一日饕客，
讓他嘗嘗香煎金線魚搭配雪菜竹筍肉絲的山珍海味吧！

金線魚

紫米飯

配菜

Side Dishes

雪菜竹筍肉絲 / 蒸栗子地瓜

主菜

Main Course

金線魚排

主食

Staple Food

紫米飯

Material

☐ **主食**　紫米飯 1 碗

☐ **主菜**　金線魚排 100g、鹽少許

☐ **配菜**　A 豬肉絲 30g、雪菜 50g、蒜頭 1 瓣、竹筍 30g、蝦米 5g、醬油 1/2
　　　　　大匙、砂糖 1/2 小匙、米酒 1 大匙、水 100cc、白胡椒粉 1/2 小匙
　　　　B 栗子地瓜 50g、小番茄 2 顆
　　　　C 鹽 1/4 小匙、白胡椒粉少許、水 1 大匙、玉米粉 1 小匙、
　　　　　香油 1 小匙

Practice

**切割食材
與備料**

1　先用電鍋將栗子地瓜事先蒸熟切片。

2　豬肉絲加入混合好的配菜 C 所有材料備用。

3　雪菜洗淨後擠乾水分，切除老葉再切碎。

4　蒜頭切末；竹筍切絲備用；蝦米用米酒泡軟（米酒留用）；小番
　茄剖半。

製作主菜

5　熱鍋加入油，先將魚排煎熟至兩面稍微上色，撒上少許鹽調味。

製作配菜

6　同鍋，加入食用油，放入竹筍絲、蝦米、雪菜拌炒 30 秒。

7　再加入豬肉絲、蒜末、醬油、砂糖、米酒、水煮滾，炒至食材全
　熟後，撒上白胡椒粉，即完成【雪菜竹筍肉絲】。

組裝便當

8　先將紫米飯盛入便當盒，鋪上【雪菜竹筍肉絲】後，再依序放上
　【金線魚排】、事先蒸熟的栗子地瓜片，與剖半的小番茄即可。

**Jacko
小叮嚀**

醬油是豆麥混和釀造，含少量麩質。若對麩質過敏嚴重，可選購不含麩質的醬
油。

香煎 小番茄巴沙魚

Pan-fried Basa Fish

周末全家去吃平價牛排，孩子們好奇看我在牛排館點了從沒嘗試過的魚排料理。
炸得香噴噴的巴沙魚菲力，完全沒刺，鮮嫩可口。
今天就也來用巴沙魚排，
來做一道酸甜美味的香煎小番茄巴沙魚便當讓小朋友開胃吧！

巴沙魚

薑黃飯

主食
Staple Food
藜麥薑黃飯

主菜
Main Course
香煎小番茄
巴沙魚

配菜
Side Dishe
氣炸馬鈴薯

1 Serving
人份

Material

☐ **主食**　白米 1 杯、藜麥適量、薑黃粉 1 大匙、奶油 20g、
　　　　　　熱水 1 杯

☐ **主菜**　**A** 紫洋蔥 20g、蒜頭 2 瓣、九層塔 30g、小番茄 3 顆、
　　　　　　巴沙魚菲力 150g、紅蔥頭 1 瓣、鹽 1/2 小匙、砂糖 1 小匙、
　　　　　　精靈菇 20g、細蘆筍 25g、清酒 1 大匙、檸檬汁 1 小匙
　　　　　　B 鹽 1 小匙、白胡椒粉 1 小匙、玉米粉 2 大匙

☐ **配菜**　小馬鈴薯 2 個、橄欖油 1 大匙、鹽 1/2 小匙

Practice

● **製作主食**　**1** 白米、藜麥洗淨瀝乾後，放入電子鍋，加入薑黃粉、奶油、熱水
　　　　　　　　拌勻，按下開關煮好即為【藜麥薑黃飯】。

● **製作配菜**　**2** 馬鈴薯去皮切小塊，放入碗中加水蓋過，微波加熱 6 分鐘。
　　　　　　　3 取出瀝乾後，加入橄欖油、鹽，放入氣炸鍋，以 185℃炸 12 分
　　　　　　　　鐘即為【氣炸馬鈴薯】。

● **切割食材**
　　與備料　　**4** 紫洋蔥、蒜頭、九層塔切碎；小番茄切丁。
　　　　　　　5 魚菲力撒上主菜 B 的鹽、白胡椒粉後，再沾上玉米粉。

● **製作主菜**　**6** 熱鍋倒入食用油，放入魚菲力，將魚煎至兩面上色後取出。
　　　　　　　7 同鍋，加入油，加入紫洋蔥、蒜頭、紅蔥頭炒香，接著放入小番
　　　　　　　　茄、鹽、砂糖，以小火炒約 2 分鐘。
　　　　　　　8 再加入精靈菇、蘆筍、清酒上蓋燜煮 3 分鐘，至小番茄變軟出水。
　　　　　　　9 最後放入魚肉、九層塔，再擠上檸檬汁即可。

● **組裝便當**　**10** 盛便當時，先放入薑黃飯、再依序放入主菜與配菜。

Jacko
小叮嚀

● 氣炸鍋的溫度與時間可自行調整。如果家裡沒有氣炸鍋，馬鈴薯也可以用平
　底鍋或炒鍋代替，以半煎炸的方式炸熟。
● 如果買不到巴沙魚，用您喜歡的任何魚菲力代替都可以。

鯖魚、時蔬｜炊飯

Mackerel and Vegetable Rice

忙了一個星期，終於可以幫孩子帶便當了，

今天剛好是聖誕節，誰說聖誕大餐一定要有烤雞或 Pizza 呢？

其實只要選擇有聖誕顏色的食材，

就算只是鯖魚和蔬菜炊飯也可以是一道有聖誕氛圍的營養便當喔！

鯖魚

炊飯

主食

Staple Food

時蔬炊飯

主菜

Main Course

煎鯖魚

Material

1 Serving
人份

☐ **主食**　白米 1/2 杯、蔥 1 根、玉米筍 2 根、小番茄 2 顆、
雪白菇 15g、青江菜 1 束、薑絲 10g、鹽 1 小匙、水 150cc、
醬油 2 小匙、味醂 2 小匙

☐ **主菜**　鯖魚 100g、白芝麻少許

Practice

● 切割食材
與備料

1　白米洗淨後泡水 15 分鐘，取出瀝乾水分備用。
2　蔥白切珠、蔥綠切蔥花；玉米筍、小番茄切小塊；雪白菇、青江
菜切小段；鯖魚去骨、皮面劃刀。

● 製作主食
與主菜

3　熱鍋後，放入少許油，將鯖魚兩面煎至略帶焦色後取出。
4　同鍋，加入蔥白、玉米筍、小番茄、薑絲、雪白菇炒香，再加入
鹽調味。
5　接著加入白米、水、醬油、味醂拌勻。
6　放入鯖魚，上蓋煮滾後，轉小火煮 5 分鐘後關火，燜 10 分鐘。
7　開蓋後轉大火，先將鯖魚取出，炊飯加入青江菜段後，再拌炒
30 秒即可。

● 組裝便當

8　將【時蔬炊飯】先裝入便當盒，再放入鯖魚，上面撒白芝麻即完
成。

Jacko
小叮嚀

醬油是豆麥混和釀造，含少量麩質。若對麩質過敏嚴重，可選購不含麩質的醬
油。

蝦仁什蔬 炒麵

Stir-fried Noodles with Shrimp and Vegetables

小白蝦

炒麵

麩質過敏的小孩無法吃普通麵條，那就使用無麩質的白米麵條做一道蝦仁時蔬炒麵給孩子解饞。不過，兒子說他不喜歡大隻的蝦子，因為那是大人吃的。所以我特別買急速冷凍的帶殼小白蝦來料理。小蝦雖小，蝦頭熬煮的蝦湯還是非常鮮美呢！

○ Material ○   ① Serving 人份

☐ **材料**　白米麵條 100g、小白蝦 150g、培根 1 條、紫洋蔥 30g、玉米筍 1 根、秋葵 1 根、高麗菜 50g、薑片 2 片、紅蘿蔔絲 10g、白芝麻 1 小匙

☐ **調味料**　米酒 1 大匙、水 400cc、醬油 1 小匙、鹽 1/2 小匙、砂糖 1 小匙、烏醋 1 小匙、玉米粉水 1 大匙

○ Practice ○

1 白米麵條照包裝標示時間煮熟，取出瀝乾備用。

2 白蝦去殼、去腸泥（蝦頭、蝦殼留用）；培根切片；紫洋蔥切絲；玉米筍切片；秋葵切 4 條；高麗菜剝片。

3 熱鍋加入少許油，加入蝦頭、蝦殼、薑片，煎至蝦頭、蝦殼變色。

4 加入米酒、水煮約 3 分鐘，瀝出蝦高湯備用。

5 熱鍋加入油，加入蝦仁炒熟取出備用。

6 同鍋加入培根、紫洋蔥、玉米筍、秋葵、高麗菜、紅蘿蔔絲炒約 30 秒。

7 加入蝦高湯、醬油、鹽、砂糖、白米麵條煮滾，拌炒至稍微收汁。

8 最後加入蝦仁、烏醋翻炒均勻，加入玉米粉水勾薄芡即可。

9 盛入便當盒時，再撒上白芝麻即完成。

蝦仁

蘿蔔糕

醬香蘿蔔糕 炒蝦仁雜菜

Stir-fried Radish Cake with Shrimp and Vegetables

麩質過敏的朋友也可以吃純米蘿蔔糕喔！先將蘿蔔糕煎至恰恰取出切小塊備用。同鍋加入蛋汁，煎至半熟時，再加入蘿蔔糕塊、無麩質醬油膏略拌炒。接著加入洋蔥絲、紅蘿蔔絲、青椒、豆芽菜、雪白菇、高麗菜上蓋燜約30秒，最後開蓋加入燙熟蝦仁翻炒約10秒即完成。今天中午小孩就吃醬香蘿蔔糕炒雜菜吧！

Material

1 Serving
人份

☐　**材料**　蝦仁 4 個、洋蔥 30g、紅蘿蔔 10g、青椒 20g、高麗菜 50g、蘿蔔糕 100g、雞蛋 1 個、蔭油膏 1 大匙、豆芽菜 20g、雪白菇 20g、米酒適量、鹽 1/2 小匙

Practice

1　蝦仁事先燙熟；洋蔥、紅蘿蔔、青椒切絲；高麗菜剝小塊。

2　熱鍋加入油，加入蘿蔔糕，煎至表面酥脆後，取出切塊。

3　同鍋，加入打散的蛋液煎至半熟，再加入蘿蔔糕、醬油膏稍微拌炒。

4　接著加入洋蔥、紅蘿蔔、青椒、高麗菜、豆芽菜、雪白菇、米酒、鹽翻炒均勻，上蓋，以小火燜煮約 1 分鐘。

5　開蓋，加入蝦仁翻炒約 10 秒，即可盛入便當盒。

Jacko
小叮嚀

● 烏醋的基礎是多穀類釀造的醋，通常含有小麥，如果很在意麩質含量，請省略不加。

● 蘿蔔糕務必確認是不含小麥澱粉的品牌。

● 如果市面上找得到無麩質醬油膏，也可以用來代替蔭油膏。

焗烤 鮮蝦蔬菜

Baked Shrimp and Vegetables

蝦子 | 薑黃飯

小烤箱焗烤一下就完成了！

的花椰菜，再撒上披薩起司，用

鐘即可。盛便當盒時，加入燙熟

糖煮滾後，上蓋轉小火燜煮 3 分

周末做好的肉丸子、鮮蝦及少許

軟出水。接著，加入義大利麵醬、

入小番茄碎、蒜泥炒至小番茄變

熱鍋炒香洋蔥、紅蘿蔔碎，再加

定偷懶一下，使用現成醬料。先

星期一孩子的便當，地方爸爸決

主食 Staple Food
藜麥薑黃飯

主菜 Main Course
焗烤鮮蝦蔬菜

Material ①Serving 人份

☐ **主食**　白米 1 杯、藜麥適量、薑黃粉 1 大匙、奶油 20g、熱水 1 杯

☐ **主菜**　紅蘿蔔 10g、小番茄 4 顆、洋蔥 20g、蝦子 2 隻、綠花椰菜 5 朵、
蒜泥 1 小匙、義大利肉醬 200g、肉丸子 5 個（參考 P.162「酸白菜牛
肉粉絲煲」的肉丸做法）、砂糖 1 小匙、披薩起司 50g

Practice

1　白米、藜麥洗淨瀝乾後，放入電子鍋，加入薑黃粉、奶油、熱水拌勻，按下開關煮
好即為【藜麥薑黃飯】。

2　紅蘿蔔、小番茄切丁；洋蔥切碎。

3　蝦子去殼、去腸泥；綠花椰菜切小朵燙熟。

4　熱鍋加入紅蘿蔔、洋蔥炒香，再加入小番茄、蒜泥，炒至小番茄變軟出水。

5　接著加入義大利肉醬、肉丸子、蝦仁、砂糖煮滾後，上蓋，轉小火燜煮 3 分鐘。

6　盛便當時，先放薑黃飯，再放入步驟 5 的蝦仁蔬菜，接著放入綠花椰菜，再撒上披
薩起司，放入烤箱焗烤一下即可。

蝦子

炒飯

料多多 蝦仁蔬菜炒飯

Shrimp Fried Rice

暖暖的陽光，涼涼的微風，星期一難得讓人有了好心情，來幫孩子準備料多多蝦仁炒飯吧！其實簡單的蝦仁蛋炒飯，最重要的是食材下鍋的順序。記得熱鍋下油煎香了蝦仁取出備用後，一定要利用鍋中香氣十足，將雞蛋、飯粒炒香，如此蝦仁炒飯才會「蝦」味十足喔！

Material

1 Serving 人份

☐ **材料** 蝦子 5 隻、紫洋蔥 30g、蒜頭 2 瓣、紅蘿蔔 15g、玉米筍 2 根、綠花椰菜 3 朵、櫛瓜 20g、白飯 1 碗、蛋黃 1 個、鴻喜菇 30g、鹽 2 小匙、砂糖 1 小匙、黑胡椒粉 1 小匙

☐ **醃料** 鹽 1/2 小匙、白胡椒粉 1/2 小匙

Practice

1 蝦子去殼、去腸泥，加入【醃料】醃製備用。

2 紫洋蔥、蒜頭、紅蘿蔔、玉米筍切碎；綠花椰菜切小朵；櫛瓜切丁。

3 白飯加入蛋黃攪拌均勻備用。

4 熱鍋倒入食用油，加入紫洋蔥、蒜頭、紅蘿蔔、玉米筍炒香。

5 加入綠花椰菜、櫛瓜、鴻喜菇炒熟後取出。

6 同鍋，加入少許油，加入蝦仁煎熟取出。

7 同鍋，加入拌過蛋黃的白飯炒香、炒鬆。

8 再加入所有食材一起炒勻即可盛入便當盒。

蝦仁番茄蛋 | 佐蒜味奶油蘆筍

Stir-fried Shrimp, Tomatoes, and Eggs & Garlic Butter Asparagus

大番茄一顆 10 元、蘆筍一大把 15 元，
台灣最近的菜價便宜到只要下廚就賺到的 fu 啊！
今天就幫孩子帶一道酸甜開胃的蝦仁番茄蛋佐蒜味奶油蘆筍吧！

蝦子

白飯

主食
Staple Food
白飯

配菜
Side Dishe
蒜味奶油蘆筍

主菜
Main Course
蝦仁番茄炒蛋

1 Serving
人份

☐ **主食**　白飯 1 碗

☐ **主菜**　A 蝦子 5 隻、番茄 1 個、蒜頭 2 瓣、薑 15g、青蔥 1 支、
橄欖油 1 大匙、奶油 15g、雞蛋 1 個、清酒 1 大匙、味醂 1 大匙、
番茄醬 1.5 大匙、砂糖 2 小匙、水 200cc
B 鹽 1/2 小匙、白胡椒粉 1/2 小匙、玉米粉 1 小匙、香油 1 大匙

☐ **配菜**　奶油 15g、細蘆筍 20g、蒜泥 1 小匙、水 100cc、鹽 1/4 小匙

Practice

● **製作配菜**　　1 熱鍋，加入奶油、細蘆筍、蒜泥、水一起煮滾至收汁，再撒上鹽
調味，即完成【蒜味奶油蘆筍】。

2 蝦子去殼、去腸泥，加入主菜 B 的所有材料抓醃備用。

3 番茄切塊；蒜頭、薑切碎；蔥切成蔥花。

4 熱鍋下入 1/2 大匙橄欖油、奶油，放入蝦仁煎香後取出。

● **製作主菜**　　5 同鍋，加入打散的蛋液，煎至七分熟後取出。

6 同鍋，再下入 1/2 大匙橄欖油，加入番茄、蒜頭、薑炒香，再加
入清酒、味醂、番茄醬、砂糖、水煮至番茄略軟。

7 加入蝦仁、蔥花、嫩蛋塊拌炒均勻即完成【蝦仁番茄炒蛋】。

● **組裝便當**　　8 盛便當時，依序放入主食、主菜與配菜。

蝦仁菇菇丼飯

Shrimp and Mushroom Rice Bowl

學會日式親子丼的做法及醬汁，
只要更換主食材，就可以變化出不同的丼飯喔！
今天就用鮮蝦來做一道蝦仁菇菇丼飯吧！

蝦子

白飯

主菜
Main Course
蝦仁菇菇丼

主食
Staple Food
白飯

◯ Material

☐ **主食**　白飯 1 碗

☐ **主菜**　蝦子 3 ～ 4 隻、洋蔥 30g、肉腸 1 根、小白菜 50g、薑片 10g、
水 300cc、清酒 1 大匙、金針菇 20g、鮮香菇 1 朵、精靈菇 20g、
醬油 1 大匙、鹽 1/2 小匙、砂糖 1.5 小匙、雞蛋 1 個、海苔絲適量

Practice

1　蝦子去殼、去腸泥（蝦頭、蝦殼留用）；洋蔥切絲；肉腸切片；小白菜切段。
2　熱鍋下入食用油，將蝦仁煎熟後，取出備用。
3　同鍋，加入蝦殼、蝦頭、薑片炒香，接著加入熱水、清酒煮約 2 分鐘。
4　將蝦殼、蝦頭撈起後，以小火繼續加熱。
5　加入洋蔥、肉腸、金針菇、香菇、精靈菇、醬油、鹽、砂糖續煮至食材全熟。
6　最後放入小白菜，再加入煎好的蝦仁、淋上打散的蛋液，上蓋將雞蛋煮熟即可。
7　盛便當時放上海苔絲。

Jacko
小叮嚀

● 肉腸請確認成分不含小麥澱粉。
● 海苔絲要記得選用不含醬油成分的口味。
● 醬油是豆麥混和釀造，含少量麩質。若對麩質過敏嚴重，可選購不含麩質的
醬油。

絲瓜鮮蝦豆腐 粉絲煲

Stewed Bottle Gourd with Shrimp, Tofu, and Vermicelli

家中孩子不愛絲瓜嗎？
有可能是沒有去囊的絲瓜容易變得軟爛，口感上讓小朋友不易接受。
今天試試將絲瓜去囊，做一道消暑的絲瓜粉絲，
再加入讓孩子喜愛的蝦仁和雞蛋做一道口感滿分的絲瓜鮮蝦豆腐粉絲煲吧！

蝦子

薑黃飯

主食
Staple Food
藜麥薑黃飯

主菜
Main Course
絲瓜鮮蝦
豆腐粉絲煲

Material

1 Serving
人份

☐ **主食** 白米 1 杯、藜麥適量、薑黃粉 1 大匙、奶油 20g、
熱水 1 杯

☐ **主菜** A 粉絲 1 個、豆腐 100g、絲瓜 100g、青蔥 1 支、蝦子 4 隻、雞蛋 2 個、
薑末 10g、金針菇 50g、鹽 1.5 小匙、糖 1 小匙、
白胡椒粉 1/2 小匙
B 鹽 1/2 小匙、白胡椒粉 1/2 小匙、玉米粉 1 小匙、香油 1 小匙
C 薑片 2 片、水 300cc

Practice

● **製作主食** | 1 白米、藜麥洗淨瀝乾後,放入電子鍋,加入薑黃粉、奶油、熱水
拌勻,按下開關煮好即為【藜麥薑黃飯】。

● **切割食材
與備料** | 2 粉絲冷水泡軟剪半;豆腐切丁後,滾水加鹽 1 小匙,以小火煮 1
分鐘取出瀝乾;絲瓜去囊切塊;蔥白切珠;蔥綠切成蔥花。

3 蝦子去殼、去腸泥後,加入主菜 B 的材料抓醃備用(蝦頭、蝦殼
留用)。

4 熱鍋下入食用油,將取下的蝦頭、蝦殼煎至變色後,加入主菜 C
的薑片、水煮成【蝦高湯】備用。

5 熱鍋下入食用油,將雞蛋煎熟。

● **製作主菜** | 6 再加入絲瓜、蝦仁、蔥白、薑末,拌炒至蝦仁變色。

7 接著倒入【蝦高湯】,再放入豆腐、金針菇、粉絲、鹽、糖、白
胡椒粉,上蓋,煮滾至食材全熟。

8 最後撒上蔥花即可。

● **組裝便當** | 9 先將【藜麥薑黃飯】放入便當盒,再將【絲瓜鮮蝦豆腐粉絲煲】
鋪在飯上即可。

炸蝦 ▶ 便當

Fried Shrimp Bento

一道料理有時會是一把回憶的鑰匙。

而每次吃炸蝦時，我就會想起高中在美國中餐館打工的經驗。

因為學生本來就窮，所以每次看客人點貴森森的炸大蝦時，都會口水直流，

恨不得自己也可以吃上一盤。

時間飛逝，兒子今天 11 歲了！

中午幫大男生做一道我們父子都愛的炸蝦便當吧！

蝦仁

白飯

配菜
Side Dishes
清炒什蔬 / 蔥花紅蘿蔔玉子燒

主菜
Main Course
炸蝦

主食
Staple Food
藜麥白飯

Material

1 Serving
人份

☐　**主食**　藜麥白飯 1 碗

☐　**主菜**　A 小蝦仁 100g、食用油 3 大匙、地瓜粉 1 大匙
　　　　　B 鹽 1/2 小匙、胡椒粉 1/2 小匙、蛋黃 1 粒

☐　**配菜**　A 紅蘿蔔 10g、蔥花 10g、蛋 1 顆、味醂 1 小匙、玉米粉水 1 大匙、
　　　　　　韓式海苔 1 片
　　　　　B 蘆筍 3 根、櫛瓜 30g、精靈菇 30g、蒜碎 1 小匙、小番茄 3 顆、
　　　　　　鹽 1/2 小匙、黑胡椒 1/2 小匙

Practice

● **製作
配菜 A**

　1　紅蘿蔔切碎；蔥切成花，都加入蛋液中，再加入味醂、少許玉米
　　　水打散拌勻。

　2　熱鍋下少許油，放入適量蛋汁，鋪上海苔片，將蛋皮捲起推至鍋
　　　沿，再倒入蛋汁，重複動作至蛋汁倒盡。煎製中使用鍋鏟塑型，
　　　最後取出放涼，切成玉子燒塊，即完成【蔥花紅蘿蔔玉子燒】。

● **製作
配菜 B**

　3　熱鍋下油，放入蘆筍、櫛瓜、精靈菇、蒜碎炒香，接著加入小番
　　　茄、鹽、黑胡椒略炒即可取出，即完成【清炒什蔬】。

● **製作主菜**

　4　鮮蝦去殼劃背除腸泥，洗淨瀝乾，加入主菜 B 的材料抓醃備用。

　5　同上鍋，下約 3 大匙油，將均勻沾上地瓜粉的蝦仁下鍋，半煎炸
　　　至兩面酥香金黃即 OK。

● **組裝便當**

　6　盛便當時，依序放入主食、主菜與配菜。

Jacko
小叮嚀　　製作配菜與主菜的步驟可依自己的習慣調整前後順序。

海味燴飯 ▶便當

Seafood Stew with Rice Bento

今天中午幫孩子準備了海味燴飯便當。

鮮蝦去殼劃背去腸泥，以少許鹽，胡椒粉醃過備用。

蝦頭蝦殼用平底鍋少油煎香，加米酒及水煮成蝦高湯取出濾過備用。

熱鍋下油，煎香鮭魚塊、紅蔥碎，再加入各式鮮蔬略炒。

接著加入蝦高湯，煮滾調味、最後加入鮮蝦煮熟後勾芡即完成啦！

出門前又加入了兩片氣炸鍋烤香的南瓜片！

蝦子 & 鮭魚

紫米飯

主菜
Main Course
什錦燴海鮮

主食
Staple Food
紫米飯

配菜
Side Dishe
氣炸南瓜片

Material

☐ **主食**　紫米飯 1 碗

☐ **主菜**　A 蝦子 4 隻、鮭魚 80g、紅蔥頭 1 瓣、青江菜 1 根、蘆筍 2 根、
　　　　玉米筍 1 根、鴻喜菇 20g、薑片 2 片、米酒 1 大匙、水 300cc、
　　　　小番茄 1 顆、蠔油 1 小匙、玉米粉水 1 大匙
　　　　B 鹽 1/4 小匙、白胡椒粉 1/4 小匙

☐ **配菜**　南瓜片 2 片、橄欖油 1 小匙、鹽 1/4 小匙

Practice

● **製作配菜**　1 南瓜切片，淋上橄欖油，再放入氣炸鍋，以 185℃氣炸 12 分鐘
　　　　　　取出，撒上鹽調味即為【氣炸南瓜片】。

● **切割食材**　2 蝦子去殼、去腸泥（蝦頭、蝦殼留用），加入主菜 B 的材料醃製
　　與備料　　備用。
　　　　　　3 鮭魚切塊；紅蔥頭切碎；青江菜、蘆筍切段；玉米筍切斜段；鴻
　　　　　　　喜菇剝散。

● **製作主菜**　4 鍋中加入食用油，將薑片、蝦頭、蝦殼煎香後，加入米酒、水煮
　　　　　　　約 3 分鐘，濾出蝦高湯。
　　　　　　5 另取一鍋加入油，加入鮭魚、紅蔥頭煎香，再加入鴻喜菇、玉米
　　　　　　　筍、蘆筍、青江菜、小番茄稍微拌炒。
　　　　　　6 接著加入蝦高湯煮滾後，加入蠔油調味，再加入蝦仁煮至熟。
　　　　　　7 最後加入玉米粉水勾芡即可。

● **組裝便當**　8 裝便當時，先放入紫米飯，再放入什錦燴海鮮，最後放上南瓜片。

**Jacko
小叮嚀**

● 蠔油含醬油成分，會有少量麩質。
● 氣炸鍋的溫度與時間可自行調整。如果家裡沒有氣炸鍋，馬鈴薯也可以用平
　底鍋或炒鍋代替，以半煎炸的方式炸熟。

瑤柱鮮味 蛋白炒飯

Scallop Fried Rice

蟹肉　炒飯

今年難得帶孩子到美國 LA 和我弟及親戚們一起過年吃團圓飯。堂兄弟們第一次見面，你說英文我回國語，居然馬上熱絡起來，開心地玩在一起。回來後問兒子最喜歡美國港式海鮮餐廳的哪一道除夕料理？他們異口同聲地回答：炒飯最好吃！

那晚的瑤柱鮮味蛋白炒飯一盤快八百台幣，小傢伙們還挺懂吃，今天星期六補課，就幫孩子復刻當晚的炒飯來回味一下吧！

Material

1 Serving 人份

☐ **材料**　乾干貝 2 個、蟹管肉 200g、芥蘭菜梗 50g、薑 10g、青蔥 1 支、蛋白 2 個、白飯 1 碗、鹽 2 小匙、砂糖 1/2 小匙

Practice

1 將干貝泡水至發脹，剝去貝唇不用，再剝成絲。
2 連同水一起蒸 20 分鐘，取出瀝乾備用。
3 滾水中加入 2 ～ 3 片薑片（份量外），關火，將蟹管肉泡熟備用。
4 芥蘭菜梗洗淨，削去硬皮後切丁，放入滾水汆燙 10 秒，取出備用。
5 薑切成薑絲；蔥切成蔥花。
6 熱鍋下入食用油，將干貝絲、薑絲以小火煎香，取出備用。
7 同鍋，以小火將蛋白炒熟成塊，再放入白飯炒勻。
8 加入干貝絲、蟹管肉、芥蘭菜梗、蔥花、鹽、砂糖拌炒均勻即可。

海鮮 粥

什錦 海鮮粥

Seafood Congee

夜市的台式海鮮粥通常直接將煮熟的白飯加入海鮮湯裡煮一煮，講究快速上粥給客人。其實在家煮粥想要省時，只要事先將洗好的米泡水20分鐘，又或者瀝乾冷凍一晚，也可以很快的將米生煮開成粥。今天就煮一道熱呼呼的什錦海鮮粥，讓孩子吃了有暖呼呼的感覺吧！

<table>
<tr><td>Material</td><td></td><td>1-2
Serving
人份</td></tr>
</table>

☐ **材料**　白米 1 杯、貢丸 2 顆、透抽 100g、蝦子 4 隻、青蔥 1 支、
洋蔥 50g、紅蘿蔔 30g、中芹 20g、薑絲 10g、蒜泥 1 大匙、
水 1000cc、蛤蜊 4 顆、鮮蚵 50g、小白菜 20g、鹽 2 小匙、
白胡椒粉 1 小匙、紅蔥頭酥 1 大匙

Practice

1 白米洗完冰入冰箱冷凍；貢丸切片；透抽切成圓圈狀；蝦子去殼開背。

2 蔥白、洋蔥切丁；蔥綠切成蔥花；紅蘿蔔切絲；中芹切末。

3 熱鍋下入食用油，加入蔥白、洋蔥、紅蘿蔔、薑絲炒香，接著加入白米、蒜泥稍微拌炒。

4 再倒入熱水、貢丸，以大火煮滾後，上蓋轉中火煮 6 分鐘。

5 加入蛤蜊，待蛤蜊打開後，加入透抽、蝦仁煮約 1 分鐘。

6 最後加入鮮蚵、小白菜、鹽、白胡椒粉、紅蔥頭酥煮至食材全熟。

7 起鍋前，撒上中芹末、蔥花即可。

其他類
便當

蛋應該是全世界最共通的食材之一，不管餐點或烘焙都少不了它！

營養全面，製作容易，烹調時間短，是忙碌的煮夫煮婦甚至上班族的第一選擇。

而豆腐口感溫和，可與各種食材搭配，無論蔬菜、肉類還是醬料，或煮、炒、煎或做冷盤，

還能根據個人口味調整烹調方法，也是便當入菜的必備食材喔！

Jacko's gluten-free bento

Gluten
Free

台式香腸 | 海鮮燉飯

Sausage and Seafood Risotto

記得小時候，很愛到巷口的烤香腸攤和老板擲骰子比大小，
贏了就有香噴噴的烤香腸可吃。
現在要找到專烤香腸的攤子還真不容易呢。
今天給孩子來點中西合併的台式香腸海鮮燉飯吧！

香腸

燉飯

Material

1 Serving
人份

☐ **材料** 白米 1 杯、台式香腸 2 根、透抽 1 隻（小）、
乾香菇 3 朵、番茄 1 個、蒜頭 2 瓣、紫洋蔥 1/2 個、紅蘿蔔 50g、
西洋芹 50g、九層塔 80g、橄欖油 1 大匙、水 1 杯

☐ **調味料** 薑黃粉 2 小匙、鹽適量、黑胡椒粒適量、奶油少許

Practice

白米洗淨，泡水20
分鐘後瀝乾；香腸
煮熟後，瀝乾切
塊；透抽洗淨，去
骨後切圈；乾香菇
泡水後，擠乾切
丁；番茄切丁；剩
餘食材切碎。

鍋中，分別加入香
腸、透抽煎至上色
後，將透抽取出。

同鍋，加入橄欖
油，加入蒜頭、紫
洋蔥、紅蘿蔔、西
洋芹、香菇炒香。

接著加入番茄、蘑
菇翻炒。

加入白米、水稍微
翻炒，加入薑黃
粉，上蓋煮滾。

轉小火煮5分鐘後
關火，燜10分鐘後
開蓋。

加入透抽、九層塔
碎、鹽、黑胡椒
粒、奶油拌勻。

盛入便當盒即可。

涼拌 義大利捲捲麵

Cold Salad Rotini

肉腸　捲捲麵

好熱啊！今年初春感覺就像盛夏！便利商品忽然多出了許多涼麵。有中華川味、日式蕎麥、韓式辣醬，唯獨沒有義式涼麵。哈！今天就準備簡單又清爽的涼拌義大利捲捲麵讓孩子胃口大開吧！

配菜
Main Course
水煮蛋

主食
Staple Food
涼拌義大利捲捲麵

Material

1 Serving 人份

☐　**主食**　　無麩質義大利捲捲麵 100g、橄欖油 1 大匙、紅蘿蔔 30g、
西洋芹 30g、肉腸 1 根、奶油 20g、水煮鮪魚罐頭 80g、
玉米粒罐頭 50g、日式美乃滋 5 大匙、美式黃芥末 1 大匙、鹽 1 小匙、
黑胡椒粒 1 小匙

☐　**配菜**　　水煮蛋 1 個

Practice

1　義大利捲捲麵煮 6 分鐘後瀝乾，拌入少許橄欖油，以防黏成一團。
2　紅蘿蔔切丁；西洋芹拔去硬筋後切小丁；肉腸燙熟切圓片，用奶油煎香。
3　水煮鮪魚罐頭、玉米罐頭瀝乾水分。
4　所有食材放入調理盆拌勻。
5　盛便當時加入切好的配菜即可。

蔬菜　飯糰

炸蔬菜香鬆 小飯糰

Fried Vegetable Rice Balls

只要用餐前把手洗乾淨，我不喜歡限制小孩一定要用餐具還是直接用手抓來吃。甚至我發現，有時讓食慾不佳的小朋友，用手抓食物來吃，他們吃得更香更起勁！冷颼颼的天氣，今天幫孩子準備不需要餐具也可以好好享受的椒鹽煎雞翅、炸蔬菜和香鬆小飯糰便當盒。

主食
Staple Food
香鬆小飯糰

主菜
Main Course
炸蔬菜

Material

1 Serving 人份

☐ **主食**　白飯 1 碗、香鬆 3 大匙

☐ **主菜**　A 兩節雞翅 5 支、櫛瓜 3 片、秋葵 1 根、金針菇 30g、南瓜 2 片
　　　　　B 蒜泥 1 小匙、醬油 1 小匙、片栗粉 1 大匙
　　　　　C 鹽 1 小匙、黑胡椒 1/2 小匙

Practice

1　白米飯加入香鬆拌勻，捏成小飯糰備用。

2　雞翅去翅尖，取出小骨成棒棒雞翅，洗淨瀝乾，放入熱鍋中不加油，煎至兩面雞皮金黃酥香。

3　同鍋，將櫛瓜片兩面略煎上色，再將煎熟的食材撒鹽、黑胡椒調味即 OK。

4　秋葵去粗蒂頭、剖半，和剝成小束金針菇一起沾上蒜泥、少許醬油，撒上片栗粉備用。

5　同上鍋，加入 2 大匙油，將秋葵、金針菇半煎炸酥熟即可。

6　南瓜片淋油，以 185℃氣炸 12 分鐘即完成。

漢堡飯糰 便當

Hamburger Rice Balls

今天是小學期中考，早上複習完，小朋友信心滿滿的出門了。
其實孩子知道練習會讓自己更熟練，懂得認真面對挑戰，
有這樣的態度比考高分更重要多了。
今天就準備了兒子愛吃的漢堡飯糰便當給他鼓勵！

漢堡肉

飯糰

配菜
Side Dishe
氣炸馬鈴薯

主食
Staple Food
漢堡飯糰

Material

1 Serving
人份

☐ **主食**　A 雞蛋 2 個、水 100cc、番茄醬 1 大匙、
壽司海苔 2 片、白飯 1.5 碗、番茄片 2 片、起司片 2 片、
生菜適量

B 洋蔥碎 30g、牛絞肉 100g、豬絞肉 100g、蛋液 2 大匙、蒜泥 1 小匙、
鹽 1 小匙、黑胡椒 1/2 小匙、日式美乃滋 1 大匙

☐ **配菜**　小馬鈴薯 2 個、橄欖油 1 大匙、鹽 1/2 小匙

Practice

● **製作配菜**

1 馬鈴薯去皮切小塊，放入碗中加水蓋過，微波加熱 6 分鐘。

2 取出瀝乾後，加入橄欖油、鹽，放入氣炸鍋以 185℃炸 12 分鐘
即為【氣炸馬鈴薯】。

● **製作主食
與
組裝便當**

3 將主食 B 的所有材料混合均勻，捏成肉餅狀，即為【漢堡肉】。

4 熱鍋，將打散的蛋液煎成厚蛋後取出。

5 同鍋，將步驟 3 的漢堡肉煎至兩面略帶焦色，再加入少許水，上
蓋，燜煮至熟。

6 將漢堡肉取出後，加入番茄醬，連同留下的肉汁煮成醬汁。

7 保鮮膜放上海苔片，將適量白飯放在中間，再依序放上漢堡肉、
厚蛋、醬汁、番茄片、起司片、生菜、剩餘的白飯。

8 接著將保鮮膜包起塑型，再用刀剖半即可放入便當盒，最後再放
上【氣炸馬鈴薯】即可。

**Jacko
小叮嚀**

● 壽司海苔請用原味不含醬油粉的品牌。

● 使用日式美乃滋時，請確認是否使用小麥（澱）粉當增稠劑。

● 氣炸鍋的溫度與時間可自行調整。如果家裡沒有氣炸鍋，馬鈴薯也可以用平
底鍋或炒鍋代替，以半煎炸的方式炸熟。

漢堡排 ▶ 蘆筍蘑菇義大利麵

Asparagus and Mushroom Pasta & Hamburg Steak

昨晚問兒子為什麼便當總是剩米飯，他回答：因為每天都只能吃飯……。
想想麩質過敏的孩子懂得克制自己不吃麵食、麵包、餅乾其實真的很乖很棒了。
今天幫孩子準備漢堡排搭配蘆筍蘑菇義大利麵吧！

漢堡肉

義大利麵

配菜
Side Dishes
氣炸馬鈴薯 / 醬煮時蔬

主菜
Main Course
蘑菇漢堡肉

主食
Staple Food
義大利麵

Material

1 Serving
人份

☐ **主食**　無麩質義大利麵 100g、橄欖油 1 大匙、起司粉 1 大匙

☐ **主菜**　A 牛絞肉 50g、豬絞肉 50g
　　　　　B 洋蔥丁 20g、鹽 1 小匙、砂糖 1/2 小匙、黑胡椒粉 1 小匙、
　　　　　　蒜泥 1 小匙、雞蛋 1/2 個、燕麥片 2 大匙、牛奶 50cc

☐ **配菜**　A 小馬鈴薯 2 個、橄欖油 1 大匙、鹽 1/2 小匙
　　　　　B 蘆筍 15g、紅蘿蔔 15g、蘑菇 50g、蒜頭 2 瓣、雪白菇 15g、
　　　　　　番茄醬 1.5 大匙、醬油 2 小匙、砂糖 1 小匙、煮麵水 200cc

Practice

● **製作
配菜 A**

1　馬鈴薯去皮切小塊，放入碗中加水蓋過，微波加熱 6 分鐘。

2　取出瀝乾後，加入橄欖油、鹽，放入氣炸鍋以 185℃炸 12 分鐘
　即為【氣炸馬鈴薯】。

● **製作主食**

3　滾水中加入義大利麵煮熟後，取出瀝乾水分，拌入橄欖油，再放
　入便當盒，撒上起司粉備用。

● **製作主菜
與
配菜 B**

4　蘆筍切段；紅蘿蔔切粗絲；蘑菇切片；蒜頭切碎。

5　牛、豬絞肉加入主菜 B 的所有材料拌勻，再取適量拍捏成漢堡肉。

6　熱鍋，倒入食用油，將漢堡肉兩面煎至略帶焦色。

7　再加入蘆筍、紅蘿蔔、蘑菇、雪白菇、蒜頭、適量的煮麵水（約
　200cc），上蓋煮約 1 分鐘。

8　開蓋，將漢堡肉、蘆筍取出後，鍋中加入番茄醬、醬油、砂糖煮
　至濃稠成醬汁。

● **組裝便當**

9　盛便當時，因為已經放入義大利麵，只要再放上蘆筍、漢堡排、
　【氣炸馬鈴薯】，並淋上醬汁即可。

**Jacko
小叮嚀**

● 氣炸鍋的溫度與時間可自行調整。如果家裡沒有氣炸鍋，馬鈴薯也可以用平
底鍋或炒鍋代替，以半煎炸的方式炸熟。

● 製作配菜、主食與主菜的步驟可依自己的習慣調整前後順序。

鮭魚炒飯 | Pizza

Salmon Fried Rice Pizza

麩質過敏的兒子無法像普通孩子一樣享受烤得美味的 Pizza。
不過既然漢堡可以有米漢堡，誰說 Pizza 不能有米 Pizza 呢？
更有趣的是讓昨晚吃剩鮭魚炒飯搖身一變，
成為孩子喜歡的起司米 Pizza 吧！

熱狗

炒飯披薩

配菜

Side Dishe

氣炸馬鈴薯

主食

Staple Food

鮭魚炒飯披薩

Material

☐ **主食**　熱狗 1 根、小番茄 2 顆、綠花椰菜 2 朵、甜椒 10g、
青椒 10g、鮭魚炒飯 1 碗（請參考 P.180「鮭魚什蔬蛋炒飯」）、
雞蛋 1 個、帕瑪森起司粉 2 大匙、市售義大利麵肉醬 3 ～ 5 大匙、
披薩起司 30 ～ 50g

☐ **配菜**　小馬鈴薯 2 個、橄欖油 1 大匙、鹽 1/2 小匙

Practice

● **製作配菜**

1　馬鈴薯去皮切小塊，放入碗中加水蓋過，微波加熱 6 分鐘。
2　取出瀝乾後，加入橄欖油、鹽，放入氣炸鍋以 185℃炸 12 分鐘
　　即為【氣炸馬鈴薯】。

● **製作主食
與
組裝便當**

3　熱狗切小丁；小番茄切丁、綠花椰菜燙熟後切小朵；甜椒、青椒
　　切絲。
4　將鮭魚炒飯、雞蛋、帕瑪森起司粉拌勻成米餅糊。
5　熱鍋下入食用油，加入米餅糊後塑型成餅皮狀，以小火將米餅煎
　　至定型。
6　接著將義大利麵肉醬抹在米餅上，再擺上熱狗、小番茄、綠花椰
　　菜、甜椒、青椒及任何喜愛的食材。
7　撒上披薩起司，放入烤箱，烤至起司完全融化即可放入便當盒，
　　再放上【氣炸馬鈴薯】。

**Jacko
小叮嚀**

● 熱狗建議確認是否含有小麥澱粉。
● 市售義大利麵肉醬建議確認是否含有小麥澱粉。

熱狗

海苔壽司

美味 海苔壽司捲

Tasty Sushi

麩質過敏的孩子每天吃米飯當然也會膩。

不過，同樣是白米飯，換個吃法，用海苔包起來做壽司，

孩子又會吃得開開心心。

趁著今天暖陽持續發威，來幫孩子準備簡單美味、涼涼的壽司吧！

主食

Staple Food

海苔壽司捲

☐ **材料** 熱狗 1 根、紅蘿蔔 20g、櫛瓜 30g、雞蛋 1 個、
菠菜 50g、芝麻香鬆 1 大匙、鮭魚 100g、白飯 1 碗、壽司海苔 1 片

☐ **調味料** 鹽 1 小匙、香油 1 小匙、義大利綜合香料 1 小匙、糯米醋 2 小匙、
砂糖 1 小匙、日式美乃滋 1～2 大匙

Practice

1 熱狗燙熟後切段;紅蘿蔔切絲;櫛瓜切細條。

2 鍋中加入打散的蛋液煎成蛋皮,取出捲起,切成蛋絲備用。

3 紅蘿蔔拌入鹽,放置約 5 分鐘後,將水分擠乾,拌入香油備用。

4 菠菜燙熟後,泡入冰水降溫後,取出瀝乾切段,拌入芝麻香鬆備用。

5 鮭魚撒上鹽(份量外)、義大利綜合香料後入鍋煎熟,切粗條備用。

6 白飯加入糯米醋、砂糖拌勻。

7 海苔擺上保鮮膜,鋪上醋飯,再將所有備用食材均勻擺入,擠上日式美乃滋。

8 利用包鮮膜捲緊,最後切片即可放入便當盒。

Jacko
小叮嚀

● 熱狗建議確認是否含有小麥澱粉。

● 香鬆有時含醬油粉,會有少量麩質。

● 海苔要記得選用不含醬油成分的口味。

● 使用日式美乃滋時,請確認是否使用小麥(澱)粉當增稠劑。

番茄肉末 | 豆腐煲

Tomato Pork and Tofu Stew

或許是麻婆豆腐太有名了，好像只要有肉末和豆腐就必須配成麻婆豆腐。

其實料理美味非常主觀，自己愛吃什麼就添加什麼吧！

孩子當然不喜辛辣麻香，但卻很愛番茄和豆腐。

趁今天微風涼爽，來燒一道番茄肉末豆腐煲給孩子帶便當吧！

豆腐

白飯

主菜

Main Course

番茄肉末豆腐煲

主食

Staple Food

藜麥白飯

Material

☐ **主食** 藜麥白飯 1 碗

☐ **主菜** A 家常豆腐 150g、蒜頭 2 瓣、洋蔥 30g、番茄 30g、紅蘿蔔 15g、
黑木耳 30g、青蔥 1 支、玉米筍 1 根、豬絞肉 50g、雪白菇 50g、
甜豆莢 3 個
B 清酒 1 大匙、味醂 1 大匙、蠔油 1 大匙、魚露 1 大匙、砂糖 1 小匙、
水 400cc、太白粉水 1 大匙、香油 1 小匙

Practice

● **切割食材**

1 豆腐切塊；蒜頭切碎；洋蔥、番茄切丁；紅蘿蔔、黑木耳、玉米
筍切片；蔥切成蔥花。

2 熱鍋倒入食用油,將豆腐煎至焦香後取出備用。

3 同鍋,將豬絞肉炒散,再加入蒜頭、洋蔥、紅蘿蔔、黑木耳、玉
米筍、蔥白,以大火炒約 1 分鐘。

● **製作主菜
與
組裝便當**

4 接著加入雪白菇、番茄稍微拌炒。

5 再加入清酒、味醂、蠔油、魚露、砂糖、水煮滾。

6 加入豆腐,上蓋,以中火煮 5 分鐘。

7 開蓋,加入甜豆莢後,上蓋煮 1 分鐘,最後開蓋加入太白粉水勾
芡。

8 最後撒上蔥綠、淋上香油,即可與白飯一起盛入便當盒。

Jacko
小叮嚀　　蠔油含醬油成分,會有少量麩質。

麻婆豆腐 ▷便當

Mapo Tofu Bento

雖說每個孩子都愛甜甜的滋味，
但小五生的兒子竟然也開始懂得品嘗帶點辣的料理了。
蔣夫人笑說孩子每天都看爸爸愛吃辣，當然會就好奇嘗試啦！
今天就幫兒子做一道微辣的麻婆豆腐便當激發他的辛辣味蕾吧！

豆腐

白飯

配菜

Side Dishe

蒜香綠花椰菜

主食

Staple Food

白飯

主菜

Main Course

麻婆豆腐

Material

☐	**主食**	白飯 1 碗
☐	**主菜**	豆腐 200g、蒜頭 2 瓣、青蔥 2 支、香油 1 大匙、豬絞肉 30g、薑末 1 大匙、辣豆瓣醬 1 大匙、米酒 1 大匙、醬油 1 大匙、砂糖 2 小匙、水 500cc、雪白菇 30g、太白粉水 1 大匙
☐	**配菜**	綠花椰菜 4 朵、蒜泥 1 小匙、橄欖油 1 小匙、水 100cc、鹽少許、小番茄 2 顆

Practice

● **製作配菜**
1　熱鍋，放入綠花椰菜、蒜泥、橄欖油、水，上蓋，煮滾至水收乾後，開蓋關火，再撒少許鹽略拌勻即可。
2　小番茄切半。

● **製作主菜**
3　豆腐切丁後，用鹽水汆燙；蒜頭、蔥白切碎；蔥綠切成蔥花。
4　熱鍋加入香油，放入豬絞肉，煎至略帶焦痕後，再加入蒜碎、薑末、蔥白炒散。
5　接著加入辣豆瓣醬、米酒、醬油、砂糖、水煮滾。
6　再加入豆腐、雪白菇，上蓋，以小火煮 6 ～ 8 分鐘。
7　開蓋後，加入太白粉水勾芡，最後撒上蔥花即可。

● **組裝便當**
8　盛便當時，先放入白飯，再依序裝入主菜與配菜。

Jacko
小叮嚀

● 製作配菜與主菜的步驟可依自己的習慣調整前後順序。
● 辣豆瓣醬一定有含麵粉，可依自己需求取捨。
● 醬油是豆麥混和釀造，含少量麩質。若對麩質過敏嚴重，可選購不含麩質的醬油。

炒飯 玉子燒

Fried Rice Tamago

雞蛋不僅是優質蛋白質，也是變化豐富又百搭的食材。

而雞蛋料理孩子最愛的就屬玉子燒和蛋炒飯了。

今天突發奇想，將炒飯和玉子燒做個有趣的結合，做一道炒飯玉子燒便當。

雞蛋

炒飯

主食

Staple Food

炒飯玉子燒

配菜

Side Dishe

水煮綠花椰菜

配菜

Side Dishe

小番茄

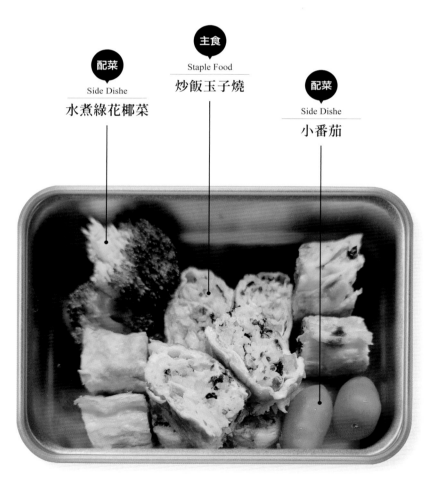

Material

☐ **主食** 紫洋蔥 20g、紅蘿蔔 15g、玉米筍 2 根、蘆筍 15g、
肉腸 1 根、白飯 1 碗、韓式海苔碎 3 大匙、雞蛋 2 個

☐ **配菜** 綠花椰菜 2 朵、小番茄 2 顆

Practice

● **製作配菜** ⌈ 1 綠花椰菜事先燙煮好。
● **切割食材** ⌈ 2 紫洋蔥、紅蘿蔔、玉米筍、蘆筍、肉腸分別切丁。

3 玉子燒鍋熱鍋後加入油，放入紫洋蔥、紅蘿蔔、玉米筍、蘆筍、
肉腸炒香炒熟。

4 再加入白飯、韓式海苔碎拌炒。

5 接著將炒飯壓平，再折成長方形，推至鍋延。

● **製作主食** 6 加入少許油後，倒入適量打散的蛋液，稍微搖晃，讓蛋液佈滿鍋
底。

7 待蛋液快熟時，將蛋皮連同飯糰一起捲起，推至鍋邊。

8 再倒入剩餘的蛋液，稍微搖晃後，重複進行步驟 6、7，即完成【炒
飯玉子燒】。

9 起鍋前，稍微整型一下。

● **組裝便當** ⌈ 10 盛便當時，可依自己喜好依序放入主食與配菜即可。

**Jacko
小叮嚀**

● 肉腸請確認成分不含小麥澱粉。
● 韓式海苔要記得選用不含醬油成分的口味。
● 小番茄營養豐富，顏色漂亮，可當水果，也可做為配菜，數量可依需求自行
調整。

本書料理一覽表

（以下依筆畫多寡順序排列）

其他

廚房 Kitchen 0148

地方爸爸蔣偉文的 101 款無麩質便當

因為愛，為孩子精心設計製作 50 道主食 ×120 道主菜配菜，
366 日的美好紀錄與生活

作者	蔣偉文（Jacko）
備料師	羅以晴
經紀人	洪德強
藝人經紀	艾迪昇傳播事業有限公司
總編輯	鄭淑娟
行銷主任	邱秀珊
協力編輯	沈君和
美術設計	行者創意
人物攝影	蕭維剛
料理攝影	蔣偉文、蕭維剛
商品贊助	皇冠金屬工業股份有限公司（TERMOS 膳魔師 & BergHOFF 貝高福）

出版者	日日幸福事業有限公司
電話	（02）2368-2956
傳真	（02）2368-1069
地址	106 台北市和平東路一段 10 號 12 樓之 1
郵撥帳號	50263812
戶名	日日幸福事業有限公司
法律顧問	王至德律師
電話	（02）2341-5833

發行	聯合發行股份有限公司
電話	（02）2917-8022
製版	中茂分色製版印刷股份有限公司
電話	（02）2225-2627
初版一刷	2024 年 11 月
定價	499 元

國家圖書館出版品預行編目資料

地方爸爸蔣偉文的101款無麩質便當：因為
愛，為孩子精心設計製作50道主食×120道主
菜配菜，366日的美好紀錄與生活/ 蔣偉文作.
-- 初版. -- 臺北市：日日幸福
事業有限公司出版；[新北市：聯合發行股份
有限公司發行, 2024.11

面； 公分. -- (廚房 Kitchen；148)
ISBN 978-626-7414-41-5(平裝)

1.CST: 食譜

427.16   113015116

THERMOS®

MASA × THERMOS®
不沾食間
不佔時間

超人氣日籍主廚 MASA

超深型設計

選對鍋款！
什麼料理都能得心應手！

膳魔師電漿強化不沾鍋

PLASMA

防護不沾塗層
強化不沾塗層
基底不沾塗層
電漿強化塗層
鑄鋁導熱層
外層烤漆

電漿塗層 技術升級

17000°C 密著力UP

不挑爐具 IH爐可用

強化不沾 好煎好洗

crown

THERMOS® 膳魔師台灣區總代理
皇冠金屬工業股份有限公司

消費者服務專線：0800-251-030
膳魔師官方網站：www.thermos.com.tw
膳魔師官方粉絲團：www.facebook.com.tw/thermos.tw

了解更多

陶瓷塗層不沾鍋

BergHOFF®

比利時 • 貝高福

優質設計 · 環保永續

MADE WITH RECYCLED MATERIALS

再生材料製造

HEALTHY non-stick CERAMIC coating

CERA GREEN NON-STICK

陶瓷不沾塗層

ENERGY SAVING COOKWARE

QUICK and EVEN heat transfer on any cooktop

節能烹飪用具

BERGHOFF Instagram　　BERGHOFF FACEBOOK

BergHOFF® 貝高福

西元1994年誕生於比利時，致力將優質設計與功能融入於餐廚用品中，30多年來，榮獲德國紅點、IF設計等眾多獎項肯定，為遍佈全球的專業廚具品牌。

BergHOFF® 貝高福 台灣區總代理
皇冠金屬工業股份有限公司
台北市104中山區復興南路一段2號8樓之1

電　話：(02)8771-8696
傳　真：(02)8771-6196
消費者服務專線：0800-251-030

貝高福 官方網站

手機掃描 QR CODE

好禮大放送都在日日幸福！

只要填好讀者回函卡寄回本公司（直接投郵），您就有機會得到以下各項大獎。

獎項內容

1

TERMOS膳魔師
鈦健康蘋果原味鍋SANT系列單柄附耳炒鍋
36CM
市價13,500元／共1名

2

Karalla
日本熱銷快速健康氣炸鍋
市價5,960元／共1名

3

BergHOFF貝高福
Glints系列七件刀座組
（岩板藍）
市價4,200元／共2名

4

BergHOFF貝高福
BALANCE系列雙耳含蓋湯鍋
24CM（月霧灰）
市價3,200元／共3名

5

BergHOFF貝高福
BALANCE系列單柄附耳含蓋
平底鍋26CM（鼠草綠）
市價3,000元／共3名

參加辦法

只要購買《地方爸爸蔣偉文的101款無麩質便當－－因為愛，為孩子精心設計製作50道
主食×120道主菜配菜，366日的美好紀錄與生活》填妥書裡「讀者回函卡」（免貼郵
票）於2025年2月6日前（郵戳為憑）寄回【日日幸福】，本公司將抽出以上幸運的讀
者，得獎名單將於2025年2月20日公布在：
日日幸福粉絲團：https://www.facebook.com/happinessalwaystw

◎以上獎項，非常感謝皇冠金屬工業股份有限公司（TERMOS膳魔
　師& BergHOFF貝高福）大方熱情獨家贊助。

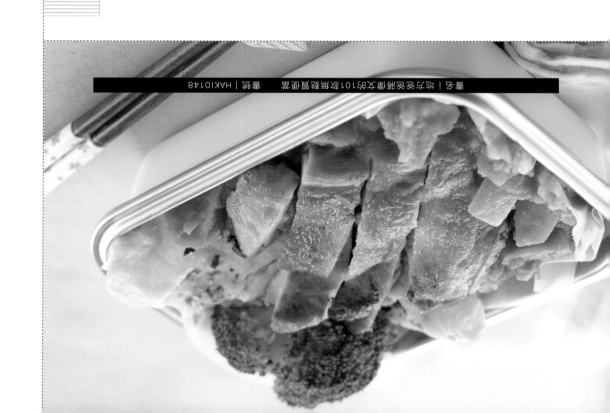

10643

台北市大安區和平東路一段10號12樓之1

日日幸福事業有限公司　收

書名｜西方名菜溫情文明101道無塵無疲寶貝廚房　書號｜HAKI0148

感謝您購買本公司出版的書籍，您的建議就是本公司前進的原動力。請撥冗填寫此卡，我們將不定期提供您最新的出版訊息與優惠活動。

▶

姓名：＿＿＿＿＿＿＿＿ **性別：**□ 男 □ 女 **出生年月日：**民國＿＿年＿＿月＿＿日

E-mail：＿＿＿＿＿＿＿＿＿＿＿＿＿＿

地址：□□□□□ ＿＿＿＿＿＿＿＿＿＿

電話：＿＿＿＿＿＿ **手機：**＿＿＿＿＿＿ **傳真：**＿＿＿＿＿＿

職業： □ 學生　　　　□ 生產、製造　　□ 金融、商業　　□ 傳播、廣告
　　　　□ 軍人、公務　□ 教育、文化　　□ 旅遊、運輸　　□ 醫療、保健
　　　　□ 仲介、服務　□ 自由、家管　　□ 其他

▶

1. 您如何購買本書？□ 一般書店（　　　　　書店）　□ 網路書店（　　　　　書店）
　　□ 大賣場或量販店（　　　　　）　□ 郵購　□ 其他

2. 您從何處知道本書？□ 一般書店（　　　　書店）　□ 網路書店（　　　　書店）
　　□ 大賣場或量販店（　　　　）　□ 報章雜誌　□ 廣播電視
　　□ 作者部落格或臉書　□ 朋友推薦　□ 其他

3. 您通常以何種方式購書（可複選）？□ 逛書店　□ 逛大賣場或量販店　□ 網路　□ 郵購
　　□ 信用卡傳真　□ 其他

4. 您購買本書的原因？　□ 喜歡作者　□ 對內容感興趣　□ 工作需要　□ 其他

5. 您對本書的內容？　□ 非常滿意　□ 滿意　□ 尚可　□ 待改進＿＿＿

6. 您對本書的版面編排？　□ 非常滿意　□ 滿意　□ 尚可　□ 待改進＿＿＿

7. 您對本書的印刷？　□ 非常滿意　□ 滿意　□ 尚可　□ 待改進＿＿＿

8. 您對本書的定價？　□ 非常滿意　□ 滿意　□ 尚可　□ 太貴

9. 您的閱讀習慣：(可複選)　□ 生活風格　□ 休閒旅遊　□ 健康醫療　□ 美容造型　□ 兩性
　　□ 文史哲　□ 藝術設計　□ 百科　□ 圖鑑　□ 其他

10. 您是否願意加入日日幸福的臉書（Facebook）？　□ 願意　□ 不願意　□ 沒有臉書

11. 您對本書或本公司的建議：＿＿＿＿＿＿＿＿＿＿＿＿
＿＿＿＿＿＿＿＿＿＿＿＿＿＿＿＿＿＿＿＿＿＿
＿＿＿＿＿＿＿＿＿＿＿＿＿＿＿＿＿＿＿＿＿＿

註：本讀者回函卡傳真與影印皆無效，資料未填完整即喪失抽獎資格。